이공학도를 위한

음향학 이론의 핵심

하강렬 · 김무준 · 팽동국 공저

북스힐

머 리 말

우리 생활과 밀접한 관련이 있는 음파를 다루는 학문인 음향학은 물리학을 기초로 하는 융합 학문이다. 따라서 음향학 이론에는 이학인 물리뿐만 아니라, 기계, 전기 및 전자, 신호처리 등 공학 분야에서 기초가 되는 개념 및 이론이 많이 포함되어 있다. 음향학에 흥미를 느끼고 공부하고자 하는 사람 또는 장차 음향 관련 분야에 종사하고자 하는 사람들은 필히 그러한 개념 및 이론을 포함하는 기본적인 음향학 지식을 갖추어야 한다. 그중에서도 특히, 이학이나 공학을 전공으로 하는 학생은 음향학 이론에 대한 수학적 표현에 익숙해야 한다. 그런데 현재 시판 중인 책 중에는 한글로 된 음향학 이론 관련 책이 거의 없다. 따라서 학생들은 주로 원서로 된 책으로 공부하고 있는 실정이다. 저자들은 오랫동안 대학에서 음향학 및 그 관련 과목을 강의해 오고 있는데, 강의용 교재로 사용하기에도 적합한 한글 교재가 없어 어려움을 겪고 있다.

음향학에 대한 강의는 국내 일부 대학에서만 행해지고 있는데, 대학에서 처음으로 음향학을 접하는 학생의 관점에서 보면 그 내용이 다소 생소하여 이해하는 데 어려움을 겪고 있다. 특히 고교 때나 대학 입학 후에라도 수학이나 물리학을 제대로 공부하지 않은 학생들에게는 그 생소한 내용을 수식 위주로 설명하고 있는 음향학 이론이 어렵게 느껴질 것이다. 더욱이 그 강의 교재가 영어 등의 외국어로 되어있다면 더욱 어려움을 느끼게 될 것이다. 이에 저자들은 국내 대학의 학부 학생, 특히 이공계 분야의 학부 학생들이 음향학의 기초 이론을 학습하기에 편리하도록 이 책을 저술하고자 하였다.

음향학은 종합 학문인 만큼 다루는 내용이 매우 광범위하다. 따라서 책에 따라 포함된 내용이 전혀 다를 수 있다. 그러나 당연한 말이지만 음향학의 기본 이론은 다를 수가 없다. 이 책에는 음향학에서 가장 기초가 되는 기본 이론에 대해 기술되어 있다. 그 기본 이론은 진동, 파동, 파형 해석 등을 포함한다. 그 이론을 기술하는데 있어서는 수학이나 물리의 기초지식이 부족한 학생들이 스스로 쉽게 학습할 수 있도록 해야 한다는 방침에 따라 대부분의 수식을 상세히 유도해 두었다. 따라서 처음부터 차근차근 읽으면서 학습해 나간다면 큰 어려움 없이 모든 내용을 이해하고, 수식에도 친숙해질 것으로 생각한다. 그럼에도 불구하고 이해가 되지 않는 부분이 있다면 그에 대한 다른 문헌을 참고하기 바란다. 부디 이 책이 음향학을 공부하고자 하는 학생 등 독자에게 작으나마 도움이 되기를 바란다.

저자 일동

차 례

CHAPTER 01

서 론

1.1 음파의 분류

1.1.1 종파와 횡파

음파는 매질 입자를 진동시키면서 전파해 나가는 탄성파이다. 따라서 매질이 없는 진공에서는 전파되지 못한다. 음파는 먼저, 그 전파 방향과 매질 입자의 운동 방향과의 상관에 의해 **종파**(longitudinal wave)와 **횡파**(transverse wave)로 분류한다. 종파는 매질 입자의 운동 방향이 음파의 전파 방향, 즉 음향에너지의 이동 방향과 같은 파를 말하며 횡파는 서로 수직인 파를 말한다.

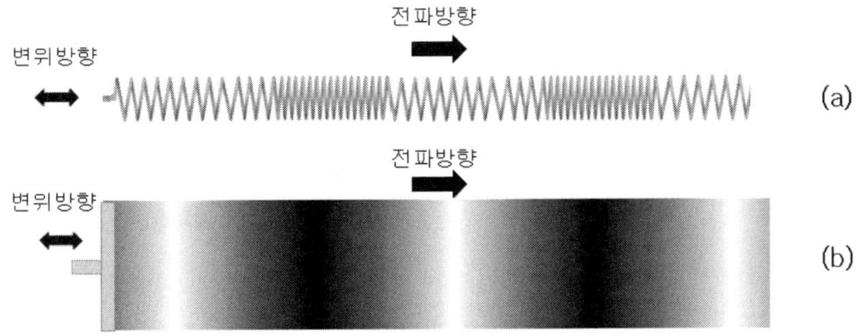

그림 1.1 용수철(a)과 유체(b)에서의 종파

그림 1.1(a)은 용수철의 왼쪽 끝을 수평 방향으로 왕복 운동하도록 구동했을 때 변위의 방향과 압축 및 팽창에 따른 파동의 전파 방향을 나타낸다. 그림에서 알 수 있듯이 용수철의 극히 작은 한 부분, 즉 용수철 입자의 운동 방향과 파동의 전파 방향은 모두 수평 방향으로서 서로 일치한다. 그림 1.1(b)은 공기나 물 등의 유체를 판 형태의 물체를 사용하여 그림과 같이 수평으로 움직였을 때 파동의 전파 모습이다. 이 경우에도 유체 입자 각각의 운동 방향은 파동의 진행 방향과 같다. 따라서 이러한 파들은 종파이다. 종파는 공간적으로 매질 입자가 많이 모인 밀(密)한 부분과 매질 입자가 적은 소(疏)한 부분을 만들므로 **소밀파** 또는 **압축파**라고도 부른다.

한편, 팽팽히 당겨진 줄을 그림 1.2(a), (b)와 같이 변위가 생기도록 구동하면 파동의 진행 방향과 줄 입자의 운동 방향은 서로 직각이다. 그림 1.2(a)는 줄을 정지 상태인 수평으로부터 상하로 계속 구동하는 경우이고, 그림 1.2(b)는 수평으로 당겨져 정지 상태에 있던 줄을 임의의 시각 $t = t_1$에 위로 한번 구동시킨 경우에 만들어진 펄스파가 시간 Δt 이후에 진행된 모습을 나타낸다. 정현파 형태를 나타내는 그림 1.2(a)의 경우, 줄의 극히 작은 한 부분인 줄 입자가 연속적으로 상하로 움직이며, 그림 1.2(b)의 경우는 펄스파가 지나가는 순간에 줄 입자는 상방으로 움직였다가 원래 위치로 되돌아온다. 두 경우 모두 입자의 변위 방향과 음파의 전파 방향은 서로 수직인데, 이러한 파들은 **횡파**이다.

모든 매질은 탄성을 가지고 있어 어느 한계 이내의 변형은 복원력에 의해 원래의 상태로 되돌아간다. 그러한 탄성한계 내에서 평형 상태에 있는 매질, 특히 고체 매질은 그림 1.3에 나타낸 것처럼 일정 간격으로 배치된 입자들이 용수철에 의해 결합되어 있는 것으로

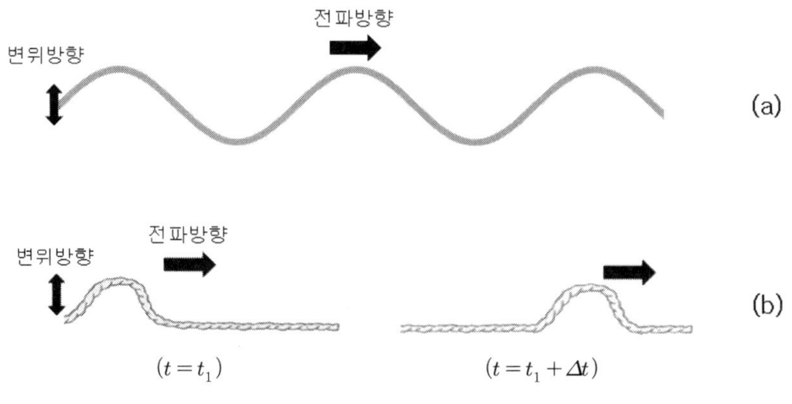

그림 1.2 줄에서의 횡파: (a) 정현파, (b) 펄스파

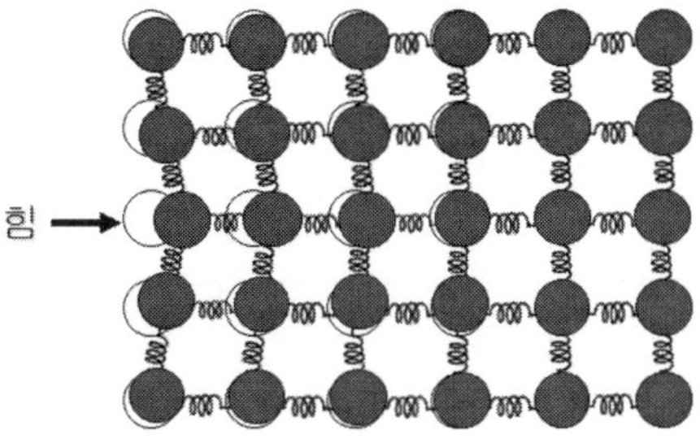

그림 1.3 힘에 의한 고체 매질의 변형

묘사할 수 있다. 그 결합 용수철의 특성에 의해 매질에서의 종파와 횡파 발생 가능 여부가 결정된다. 그림에서처럼 힘이 오른쪽으로 작용하면 힘을 받은 입자는 오른쪽으로 운동을 하므로 그 방향으로 변위가 생긴다. 그 힘이 일시적으로 작용했다가 곧 제거되었다고 하면, 변위된 입자는 평형 상태에 있을 때의 위치를 중심으로 진동하다가 멈추게 되며, 파동은 일단 변위와 같은 방향인 오른쪽으로 전파하게 된다. 공기나 물과 같은 유체의 경우 결합 용수철은 결합 상수가 매우 작아 힘이 작용하는 입자와 같은 열에 있는 입자 외에는 움직이지 않는다. 그러나 고체의 경우는 그 결합 상수가 커서 그림에서처럼 그 열의 상하에 있는 입자들이 수평은 물론 수직 방향으로도 움직인다. 즉, 고체 입자들은 이차원 이상의 변위 성분을 갖는다. 이에 따라 고체에서는 유체와 달리 종파와 더불어 횡파가 발생할 수 있다.

1.1.2 초저음파, 가청음파, 초음파

음파는 매질의 진동 주파수에 따라 **초저음파**(infrasound), **가청음파**(audible sound), **초음파**(ultrasound)로 분류된다. 여기서 가청음파는 인간의 귀로써 들을 수 있는 주파수의 음파, 즉 약 20 Hz~20 kHz의 음파를 말한다. 그 가청음파 보다 낮은 주파수의 음파를 초저음파, 그보다 높은 주파수의 음파를 초음파라고 한다.

1.1.3 벌크파와 경계파

경계가 없는 무한 매질 내부를 전파하는 파를 **벌크파**(bulk wave)라고 하며, 경계가 있는 매질에서 그 경계를 따라 전파하거나 경계와 경계 사이를 전파하는 파를 **경계파**

(boundary wave)라고 한다. 일반적으로 말하는 종파, 횡파 등은 벌크파이다. 경계파에는 공기(또는 진공)와 고체의 경계면에서 고체의 표면을 따라 전파하는 표면파인 **레일리히파**(Rayleigh wave)와 **러브파**(Love wave), 고체와 액체 또는 고체와 고체 사이의 경계면을 따라서 전파하는 **스톤리파**(Stonley wave), 그리고 얇은 판의 내부에서 전파하는 **램파**(Lamb wave) 등 여러 가지 파가 있다. 경계파는 매질의 크기나 형상에 따라 전파속도, 감쇠, 차단주파수 등의 전파 특성이 달라진다.

1.2 소리의 3요소

음파를 순수한 우리말로 **소리**(sound)라고 한다. 그러나 앞 절에 기술한 것처럼 음파는 종류가 다양하다. 일반적으로는 음파 중에서도 인간의 귀에 들리는 음파, 즉 가청음파를 주로 소리라고 한다. 소리가 다르다는 것은 무엇일까? 그것은 소리를 구성하는 3가지 요소 중에서 적어도 하나 이상이 다르다는 것이다. 그 소리를 구성하는 3요소는 **높낮이**(**고저**; pitch), **세기**(**강약**; loudness), **맵시**(**음색**; quality)이다. 이 3요소가 달라지면 음파의 파형이 달라진다. 실생활에 있어서 인간이 내거나 듣는 소리의 파형은 매우 복잡하다. 따라서 그 3요소가 매우 복잡하게 섞여 변한다. 그러나 음향학을 학습하는 데는 음파를 먼저 가장 단순한 파형인 정현파로 나타내고, 그 정현파의 변화에 대해 파악하게 된다. 정현파의 파형은 주파수와 진폭에 의해 결정되는데, 소리의 3요소 중에서 높낮이는 주로 주파수의 높고 낮음, 세기는 진폭의 크고 작음과 관련된다. 그리고 맵시는 소리를 구성하는 주파수 성분의 차이와 상관된다. 그러나 객관적인 물리량인 주파수 및 진폭과 주관적인 물리량인 소리의 3요소는 훨씬 더 복잡한 관계가 있다. 예를 들면 소리의 높낮이는 주파수 외에 세기와도 관계가 있고, 소리 세기도 진폭 외에 주파수나 소리가 지속되는 시간과도 관계가 있다.

음파의 파형이란 매질 내의 임의의 한 점에서 입자의 변위나 음압이 시간에 따라 어떻게 변하는가를 나타내는 그래프이다. 실제 소리의 파형은 매우 복잡하여 많은 주파수 성분을 포함하고 있다. 그러나 제7장의 파형 분석에서 기술하는 바와 같이 아무리 복잡한 파형도 단순한 정현파의 합으로 이루어지므로, 음향학 학습에 있어서는 먼저 정현파의 변화에 대해 잘 이해하는 것이 필요하다.

1.3 음향학에서의 기본 3가지 물리량

전기 관련 학문을 공부할 때 가장 먼저 나오는 내용이 전압과 전류와의 관계이다, 즉, 어떤 소자나 회로에 전압이 걸렸을 때 얼마만큼의 전류가 흐르는가를 구하는 것에 관한 것이다. 역으로 어떤 소자나 회로에 특정의 전류가 흐를 때 그 소자나 회로에 얼마만큼의 전압이 걸려 있는가를 구하기도 한다. 이 전압과 전류의 관계를 결정짓는 것은 소자나 회로의 저항이다. 그들의 관계는 전기 관련 학문에서는 가장 기본적인 법칙인 **옴의 법칙**(Ohm's Law)으로서 다음과 같다.

$$V = RI \tag{1.1}$$

여기서 V[V]는 전압이고, I[A]는 전류, R[Ω]은 저항이다. 전압이 전류에 비례하는데, 그 비례상수가 저항임을 나타내는 이 식은 직류회로에 대한 것이다. 교류를 포함하는 일반적인 회로를 대상으로 할 때 이 식은 다음과 같이 나타내어진다.

$$V = Z_e I \tag{1.2}$$

여기서 Z_e[Ω]은 **전기 임피던스**(electric impedance)이다. 이 전기 임피던스는 실수인 저항과는 달리 복소수이다. 우리가 일반적으로 다루는 교류전압이나 전류의 파형은 정현파이다. 정현파는 크기와 위상을 갖는데, 그것도 복소수로 나타내어진다. 따라서 식 (1.2)는 복소수로 표현된 옴의 법칙에 해당한다. 이 법칙을 구성하는 3가지 요소, 즉 전압과 전류, 그리고 전기 임피던스는 전기학에서 가장 기본이 되는 물리량이라고 할 수 있다.

역학 및 음향학에서도 식 (1.2)에 대응하는 관계식이 있다. 먼저 역학에서는 그 식이 다음과 같이 주어진다.

$$F = Z_m u \tag{1.3}$$

여기서 F [N]는 힘, u [m/s]는 물체의 속도이고, Z_m [N · s/m 혹은 kg/s]는 **기계 임피던스**(mechanical impedance)이다. 이 물리량들 사이의 관계나 그들이 만드는 물리적 현상은 전기학에서의 세 변수에 의한 것과 상응한다. 즉 힘은 전압, 속도는 전류, 기계 임피던스는 전기 임피던스에 대응시켜 물리적 현상을 유추하면 편리하다. 따라서 어떤 물체에 아무리 큰 힘이 가해져도 기계 임피던스가 크면 그 물체는 잘 움직이지 않는다.

음향학에서도 다음과 같이 식 (1.2)에 대응하는 다음의 관계가 성립한다.

$$p = Z_a u \tag{1.4}$$

여기서 p [Pa]는 음압, u [m/s]는 물체의 속도이고, Z_a [Pa · s/m 혹은 N · s/m^3]는 **음향 임피던스**(acoustic impedance)이다. 이 3가지 물리량이 음향학에서 가장 기본이 되는 물리량이다. 이 물리량들 사이의 관계나 물리적 현상은 전기학 및 역학에서의 세 변수에 의한 것에 상응한다. 따라서 음압은 전압이나 힘, 입자속도는 전류나 물체의 속도, 음향 임피던스는 전기 임피던스나 기계 임피던스에 대응시켜 물리적 현상을 유추할 수 있다.

어떤 소자나 회로에 큰 전압이 걸려 있어도 전기 임피던스가 커서 전류가 흐르지 않으면 그 소자나 회로에는 아무런 전기적 현상이 생기지 않는다. 만약 그 소자나 회로가 열선이라면 열이 나지 않고 전기기기라면 작동하지 않는다. 역으로 아무리 큰 전류가 흘러도 그 소자나 회로의 전기 임피던스가 작아 전압이 걸리지 않았을 때도 같은 현상이 생긴다. 소자나 회로가 손상을 입거나 열선에 열이 나고 전기기기가 가동되는 것은 그 물체에 걸려 있는 전압과 그 물체를 통해서 흐르는 전류와의 곱, 즉 전력에 상관한다. 그것은 역학에서의 힘과 물체의 속도를 곱한 일률, 음향학에서의 음압과 입자속도를 곱한 **음향 강도**(acoustic intensity)의 관계와 상응한다.

역학계에서 어떤 물체에 아무리 큰 힘이 가해져도 그 물체의 기계 임피던스가 커서 움직이지 않는다면 그 물체가 다른 외부에 아무런 영향도 주지 않는다. 역으로 물체의 속도가 아무리 커도 기계 임피던스가 작아서 그 물체에 가해진 힘이 작다면 그 물체가 외부에 미치는 영향은 거의 없다. **강체**(rigid body)는 아무리 큰 힘을 받아도 그 물체를 구성하고 있는 입자의 움직임이나 변형이 전혀 없는 가상적인 물체이다. 따라서 자체 변형에 의해 외부에 미치는 영향은 없다. 그리고 공기는 입자의 속도가 매우 빠른 물체이지만 입자에 힘이 거의 가해지지 못하므로 그 움직임으로 인해 공기 중에 있는 어떤 물체에 미치는 영향은 미미하다.

음향계에서는 어떤 매질에 아무리 큰 압력이 가해져도 그 매질의 음향 임피던스가 커서 매질 입자가 움직이지 않는다면 그 매질 속에 있는 다른 물체에 거의 영향을 주지 않는다. 역으로 입자의 움직임이 아무리 커도 음향 임피던스가 작아서 그 매질에 가해지는 압력이 낮다면 그 매질 속에 있는 다른 물체는 아무런 영향도 받지 않는다. **음압**은 음파에 의한 압력이므로 단위면적 당 힘이다. 따라서 면적을 곱하면 역학계와 같은 물리적 현상을 나타낸다. 그러므로 매질의 움직임에 의해 매질 내에 있는 물체가 받는 음향계에서의 영향은 역학계와 유사하다.

옴의 법칙에서 알 수 있듯이 어떤 물체에 전압이 걸렸을 때 그 물체를 통해서 흐르는 전류, 또는 어떤 물체에 전류가 흐를 때 그 물체에 걸리는 전압을 구하기 위해서는 물체 고유의 상수인 전기 임피던스를 알아야 한다. 그것은 기계계에서의 기계 임피던스나 음향계에서의 음향 임피던스에 대해서도 마찬가지이다. 따라서 이들 임피던스에 대해 잘 알아야 하는데, 이에 대해서는 제 3.5절에서 보다 상세히 기술한다.

1.4 데시벨(dB)의 정의

소리의 단위는 **데시벨**(decibel: dB)이라고 알려져 있다. 그러나 원래의 데시벨은 다음 식과 같이 정의된 것으로서 소리뿐만 아니라 모든 물리량에 적용할 수 있다.

$$X\,[\mathrm{dB}] = 10\log\frac{\text{임의 세기}}{\text{기준 세기}} \tag{1.5}$$

이것은 임의의 세기와 기준이 되는 세기와의 비에 상용로그를 취한 후 10을 곱한 것에 불과하다. 예를 들어 기준 세기가 1이고, 임의 세기가 10^{12}이면 120 dB가 된다. 당연한 이야기이지만 이 식의 적용에서는 임의 세기와 기준 세기는 차원이 같은 물리량이어야 한다.

소리에 대해 이 식을 적용할 때는 다음의 음향 강도를 기준 세기로 하며, 그에 따라 얻어지는 데시벨을 **음의 세기레벨**(Sound Intensity Level: SIL)이라고 부른다.

$$I_{ref} = 10^{-12}\,[\mathrm{W/m^2}] \tag{1.6}$$

이 음향 강도는 사람의 귀가 감지할 수 있는 가장 작은 세기의 음에 해당한다. 이 기준 세기에 해당하는 임의의 소리는 $\log 1 = 0$이므로 식 (1.5)에 의해 0 dB이 된다.

사람이 고통 없이 들을 수 있는 가장 큰 소리의 음향 강도는 약 1.0 $\mathrm{W/m^2}$으로서 기준 강도 보다 10^{12}배 크다. 이것을 임의 세기로 하여 식 (1.5)에 대입하면 120 dB이 된다. 따라서 사람은 0~120 dB의 소리를 들을 수 있다.

앞에서 언급한 것처럼 **음향 강도** I(전류가 아님에 주의)는 음압과 입자속도의 곱에 의해 다음 식으로 주어진다.

$$I = pu \tag{1.7}$$

이 음향 강도는 매질의 음향 임피던스가 주어졌을 때 식 (1.4)에 의해 다음과 같이 고쳐 쓸 수 있다.

$$I = \frac{p^2}{Z_a} = Z_a u^2 \tag{1.8}$$

즉, 음향 강도는 음압 또는 입자 속도의 제곱에 비례한다. 따라서 음압이나 입자 속도에 대한 데시벨 계산식은 다음과 같이 된다.

$$X\,[\mathrm{dB}] = 20\log\frac{\text{임의 값}}{\text{기준 값}} \tag{1.9}$$

사람은 약 10^5 Pa인 대기압 속에서 생활하고 있고, 귀의 고막은 소리가 없는 상태에서도 언제나 그 압력을 받고 있다. 따라서 대기압은 정적 평형인 상태에서의 압력, 즉 정압에 해당한다. 고막은 그 정압이 약 20 μPa 변화하면 반응하여 떨게 되고, 그 떨림이 전기신호로 변환되어 뇌에 전달되면서 소리로서 감지하게 된다. 즉 사람이 느낄 수 있는 최소의 음압은 20 μPa이며, 그것이 식 (1.9)에 의한 데시벨 계산에서의 기준값이 된다. 즉, 소리에 대한 음압의 기준은 다음과 같으며, 그에 따라 얻어지는 데시벨을 **음압레벨**(Sound Pressure Level: SPL)이라고 부른다.

$$p_{ref} = 20 \times 10^{-6}\,[\mathrm{Pa}] = 20\,[\mu\mathrm{Pa}] \tag{1.10}$$

이 20 μPa의 음압이 0 dB이다. 한편, 사람의 고막이 견뎌낼 수 있는 가장 큰 압력은 이 기준값 보다 약 백만 배 크다. 즉, 기준값의 10^6 배인 20 Pa이다. 이것을 임의 값으로 하여 식 (1.9)에 대입하면 120 dB가 되어 음향 강도에 의한 계산 결과와 같게 된다.

이상으로 논의한 바와 같이 사람이 들을 수 있는 소리의 음향 강도는 10^{-12}~1.0 W/m^{2}이며, 음압은 20×10^{-6}~20 Pa인데, 그 상관관계는 공기의 음향 임피던스가 $Z_a \simeq$ 400 kg/m^{2}s임을 생각하면 식 (1.8)로부터 쉽게 도출된다. 음향 강도는 수식적으로 전기에서의 전력이나 역학에서의 일률에 상응하나 그들의 단위는 와트 [W]인데 대해, 음향 강도의 단위는 [W/m^2]으로서, 면적으로 나누어져 있음에 주의해야 한다.

데시벨 연산 시에는 원래의 물리량을 고려하여 환산해야 함에 주의해야 한다. 다시 말해서 같은 세기의 소리를 내는 음원이 여러 개 있을 때 각 음원의 음향 강도를 합한 후, 그 값 대해 식 (1.5)를 적용해야 한다. 예를 들어 60 dB(음향 강도: 1.0×10^{-6} W/m^2)의 소리를 내는 음원이 두 개 있다고 하자. 그 두 소리가 합해졌을 때의 세기는 120 dB가 되는 것이 아니라 약 63 dB가 된다. 즉, 소리의 강도가 두 배가 되므로 세기는 $10\log 2 = 3.01$ dB만큼 증가한다. 그래서 같은 크기의 세 소리가 합쳐지면 하나의 소리보다 $10\log 3 = 4.77$ dB, 네 소리가 합쳐지면 $10\log 3 = 6.02$ dB 등과 같이 증가한다.

한편, 음압은 음향강도의 제곱근에 비례하므로 음향 강도가 두 배 증가하는 것은 음압이 $\sqrt{2}$ 배 증가하는 것에 해당한다. 그러므로 음압이 두 배 증가하면 음향 강도는 네 배 증가하여, 원래의 레벨보다 약 6 dB 커지게 된다.

CHAPTER 01 문 제

1. 지진파는 P파, S파, L파로 구분한다. 이들 명칭의 유래와 각 파에서의 변위와 전파 속력 등의 특성을 조사하여 설명하라.

2. 사람의 귀는 주파수에 따라 감도가 다르다. 가장 잘 듣는 주파수는 몇 Hz 부근인지를 알아보라. 그리고 사람의 귀가 같은 크기로 듣는 소리의 세기를 주파수에 따라 나타낸 그래프가 등청감 곡선인데, 그 곡선이 주파수에 따라 어떻게 변하는지를 조사하라.

3. 귀의 감도와 관련하여 dB(A)가 무엇인지를 조사하라.

4. 70 dB의 소리와 80 dB의 소리가 합해지면 몇 dB가 되는가?

5. 마이크로폰이나 수중청음기 등은 음압에 비례하는 전압을 발생시키는 장치이다. 그것들의 감도는 $A\,[\mu\text{V/Pa}]$ 또는 $A\,[\text{dB re 1V}/\mu\text{Pa}]$로 나타낸다. 여기서, 're'는

'reference'의 약자로서 기준을 나타낸다. 어떤 수중청음기의 감도가 56 μV/Pa이다. 이것을 [dB re 1V/μPa]로 고치면 얼마가 되는가?

6. 데시벨 환산에 있어서 공기 중 음압 기준은 20 μPa인데 반해서 수중에서는 1.0 μPa을 기준으로 한다. 어떤 수중 음원으로부터 1.0 m 떨어진 지점의 소리가 200 dB이라면 음압은 몇 Pa인가? 그 음압이 공기 중에서 측정되었다면 몇 dB가 되는가?

CHAPTER 02

진 동

2.1 단조화 진동

진동은 외부 구동력이 없는 상태에서 물체 자체의 탄성에 의해서 떨리는 **자유 진동**(free vibration)과 외부 구동력에 의해 떨리는 **강제 진동**(forced vibration)으로 나뉜다. **단조화 진동**(simple harmonic vibration)은 자유 진동에 의한 떨림으로써, 고유의 주파수를 가지고 정현적으로 움직이는 가장 간단한 형태의 진동이다.

그림 2.1에 나타낸 것처럼 마찰이 없는 면 위에서 용수철에 매달린 물체를 정지 상태의 위치인 평형점($\psi = 0$)으로부터 외부 구동력을 가하여 ψ 만큼 변위시킨 후 그 구동력을

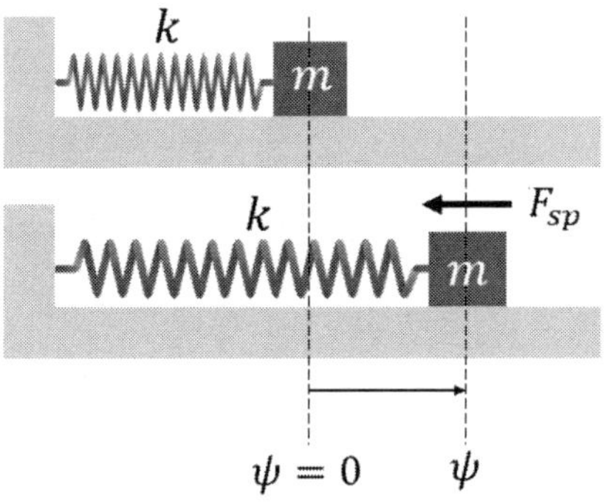

그림 2.1 용수철과 질량의 단조화 진동계

제거하면 물체에는 외부 구동력 없이 용수철에 의한 복원력 F_{sp}만이 알짜 힘으로 존재하게 되고, 그 힘에 의해 물체는 평형 점을 중심으로 왕복 진동을 하게 된다. 이 진동은 자유 진동인데, 이 때 **복원력** F_{sp}의 크기는 변위의 크기에 비례하며 방향은 변위와 반대이다. 이것을 식으로 나타내면 다음과 같다.

$$F_{sp} = -k\psi \tag{2.1}$$

단, $k=$ 탄성 상수 [N/m]

이것을 **훅의 법칙**(Hooke's law)이라고 한다. 이 식에서 부호 '–'는 복원력의 방향이 변위와 반대임을 나타낸다. 이처럼 변위의 크기에 비례하는 크기를 갖는 힘에 의한 운동은 단조화 진동을 하는데, 자연계에는 여러 가지 형태의 단조화 진동이 존재한다. 그 중에서 두 가지 예를 제2.3절에 기술하였다.

단조화 진동에서 물체의 위치가 평형점인 $\psi=0$로부터 어느 방향으로 얼마나 벗어났는가를 나타내는 변위 ψ는 시간 t에 따라 정현함수(사인 또는 코사인 함수) 형태로 변하는데, 그 관계는 알짜 힘 F_{sp}에 의한 운동에 대해 **뉴턴의 법칙**(Newton's Law)을 적용하면 수학적으로 구할 수 있다.

$$F_{sp} = ma = m\frac{d^2\psi}{dt^2} = -k\psi \tag{2.2}$$

여기서 m은 질량이고, a는 가속도이다. 이 식은 다음과 같이 표현된다.

$$\frac{d^2\psi}{dt^2} + \omega_0^2\psi = 0 \tag{2.3}$$

단, $\omega_0 = \sqrt{\dfrac{k}{m}}$

이 식 (2.3)은 자유 진동에 대한 기본 미분방정식인데, 이 식이 **단조화 진동의 기본방정식**이다. 여기서, ω_0 [rad/s]는 그 진동수를 단위 시간당의 각도 변화로 나타낸 **각주파수**(angular frequency)이다. 이 각주파수는 진동계 자체의 특성에 의해 정해지는 고유한 값으로서, **공진 각주파수**(resonance angular frequency) 또는 **자연 각주파수**(natural angular frequency)라고 불린다.

공진 각주파수 ω_0와 초당의 왕복 회수(또는 회전수)를 나타내는 **공진 주파수** f_0와는 한번 왕복이 2π [rad]의 각도 변화를 동반하므로 다음의 관계에 있다.

$$f_0 = \frac{\omega_0}{2\pi} = \frac{1}{2\pi}\sqrt{\frac{k}{m}} \quad [\mathrm{s}^{-1}] \tag{2.4}$$

진동수 혹은 주파수의 단위로서는 $[\mathrm{s}^{-1}]$ 대신에 일반적으로 헤르츠[Hz]를 사용한다. 각주파수와 주파수는 서로 2π를 곱하거나 나누면 얻어지는 같은 차원의 물리량이므로 종종 각주파수를 그냥 주파수라고 부르기도 한다. 주파수 f와 한번 왕복에 걸리는 시간, 즉 **주기**(period) T와는 다음의 관계에 있다.

$$T = 1/f \ [\mathrm{s}] \tag{2.5}$$

식 (2.3)의 **일반해** $\psi(t)$는 다음과 같이 구할 수 있다. 즉, 식 (2.3)은 어떤 함수 $\psi(t)$를 시간에 대해 두 번 미분하면 원래의 함수에 $-\omega_0^2$를 곱한 것과 같음을 나타내는데, 그러한 함수의 예로는 $\sin\omega_0 t$와 $\cos\omega_0 t$의 삼각함수가 있다. 식 (2.3)이 2계 미분방정식이므로 그 일반해는 두 개의 미정 계수를 갖는다. 따라서 그 두 삼각함수에 각각 미정 계수를 곱한 후 합한 다음의 방정식이 일반해가 된다.

$$\psi(t) = A_1 \sin\omega_0 t + A_2 \cos\omega_0 t \tag{2.6}$$

여기서 A_1, A_2는 임의의 실수이다. 이와 같은 두 정현함수의 합은 하나의 정현함수로 나타낼 수 있다. 즉 다음의 두 식 중 하나로 나타낼 수 있다.

$$\psi(t) = A\sin(\omega_0 t + \phi) \tag{2.7a}$$

$$\psi(t) = A\cos(\omega_0 t + \phi) \tag{2.7b}$$

위 두 식이 실제의 진동을 표현하는데 가장 보편적으로 사용되는데, 여기서 A는 **진폭**(amplitude), ϕ는 **초기 위상각**(initial phase angle)이다. 식 (2.7a)의 우변은 다음과 같이 전개된다.

$$A\sin(\omega_0 t + \phi) = A\cos\phi\sin\omega_0 t + A\sin\phi\cos\omega_0 t \tag{2.8}$$

이것을 식 (2.6)과 비교하면 다음의 관계가 얻어진다.

$$A_1 = A\cos\phi, \quad A_2 = A\sin\phi \tag{2.9}$$

$$A = \sqrt{A_1^2 + A_2^2}, \quad \phi = \tan^{-1}\frac{A_2}{A_1} \tag{2.10}$$

한편, 변위를 식 (2.7b)와 같이 코사인 함수로 나타내었을 때는 다음과 같다.

$$A\cos(\omega_0 t + \phi) = A\cos\phi\cos\omega_0 t - A\sin\phi\sin\omega_0 t \tag{2.11}$$

이것을 식 (2.6)과 비교하면 다음의 관계가 얻어진다.

$$A_1 = -A\sin\phi, \quad A_2 = A\cos\phi \tag{2.12}$$

$$A = \sqrt{A_1^2 + A_2^2}, \quad \phi = -\tan^{-1}\frac{A_1}{A_2} \tag{2.13}$$

여기서 다음의 **오일러 공식**(Euler's formula)을 생각하자.

$$e^{\pm jx} = \cos x \pm j\sin x \tag{2.14}$$

단, $j = \sqrt{-1}$

이 공식에 $x = \omega_0 t + \phi$로 두면 식 (2.7a)와 (2.7b)는 다음과 같이 복소 지수함수로 표현된다.

$$\psi(t) = A\sin(\omega_0 t + \phi) = Im\left[Ae^{j(\omega_0 t + \phi)}\right] = Im\left[\boldsymbol{D}e^{j\omega_0 t}\right] \tag{2.15a}$$

$$\psi(t) = A\cos(\omega_0 t + \phi) = Re\left[Ae^{j(\omega_0 t + \phi)}\right] = Re\left[\boldsymbol{D}e^{j\omega_0 t}\right] \tag{2.15b}$$

여기서 Im과 Re는 복소 지수함수의 허수부와 실수부를 각각 나타내며, $\boldsymbol{D}$는 크기가 A이며 위상각이 ϕ인 **복소 진폭**으로서 다음과 같이 표시할 수 있다.

$$\boldsymbol{D} = Ae^{j\phi} = A\angle\phi \tag{2.16}$$

이후 복소 진폭은 볼드체로 진하게 나타낸다. 복소 진폭 $\boldsymbol{D}$를 복소수 평면에 벡터 형태로 나타낸 **페이저**(phasor)로 표시하면 그림 2.2가 된다. 변위를 사인 함수로 나타낸 식 (2.15a)는 페이저 $\boldsymbol{D}$가 $t=0$에서 그림의 위치에서부터 일정 각속도 ω_0로 반시계 방향으로 돌 때 허수축(수직축) 상의 투영을 변위로 생각한 것이며, 코사인 함수로 나타낸 식 (2.15b)는 실수축(수평축) 상의 투영을 변위로 생각한 것이다.

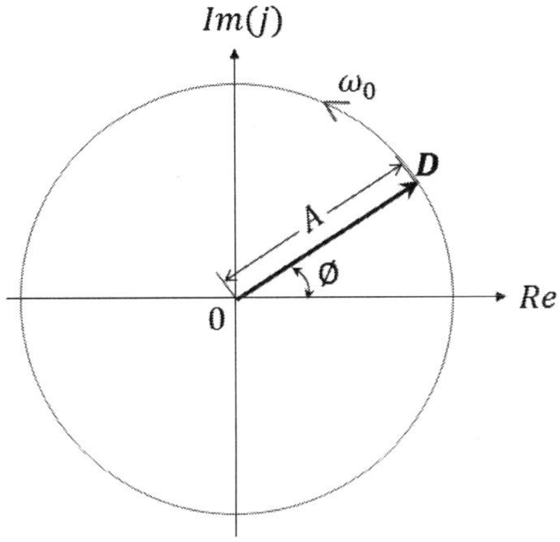

그림 2.2 복소 진폭의 페이저 표시

진동의 변위를 식 (2.15a) 또는 (2.15b)와 같이 복소 지수함수로 나타내면 곱셈, 나눗셈은 물론 미분, 적분 등의 연산이 간단해지므로 편리하다. 즉, 변위 함수를 $\psi(t) = \boldsymbol{D}e^{j\omega_0 t}$ 두면 그 실제 모습은 그 복소 지수함수의 실수부 또는 허수부를 취하면 된다. 실수부를 취하는 경우의 예로서 매질 입자의 속도 $u(t)$와 가속도 $a(t)$를 구하면 다음과 같다.

$$u(t) = \frac{d\psi(t)}{dt} = j\omega_0 \times Re[\boldsymbol{D}e^{j\omega_0 t}] = j\omega_0 \psi(t) \qquad (2.17\text{a})$$

$$a(t) = \frac{d^2\psi(t)}{dt^2} = (j\omega_0)^2 \times Re[\boldsymbol{D}e^{j\omega_0 t}] = -\omega_0^2 \psi(t) \qquad (2.17\text{b})$$

한편, 이들 입자속도와 가속도를 식 (2.7b)의 코사인 함수에 의한 식으로부터 구하면 다음과 같이 된다.

$$u(t) = \frac{d\psi(t)}{dt} = -\omega_0 A \sin(\omega_0 t + \phi) = \omega_0 A \cos\left(\omega_0 t + \phi + \frac{\pi}{2}\right) \qquad (2.18\text{a})$$

$$a(t) = \frac{d^2\psi(t)}{dt^2} = -\omega_0^2 A \cos(\omega_0 t + \phi) = \omega_0^2 A \cos(\omega_0 t + \phi + \pi) \qquad (2.18\text{b})$$

이들 관계는 그림 2.3에 나타내었다. 그림으로부터 변위, 속도, 그리고 가속도 진폭의 차이와 함께 위상 관계를 쉽게 알 수 있는데, 입자속도는 변위보다 $\pi/2$ [rad] 위상이 빠르고, 입자가속도는 π [rad] 빨라 변위와 반대의 위상을 가짐을 볼 수 있다. 그리고

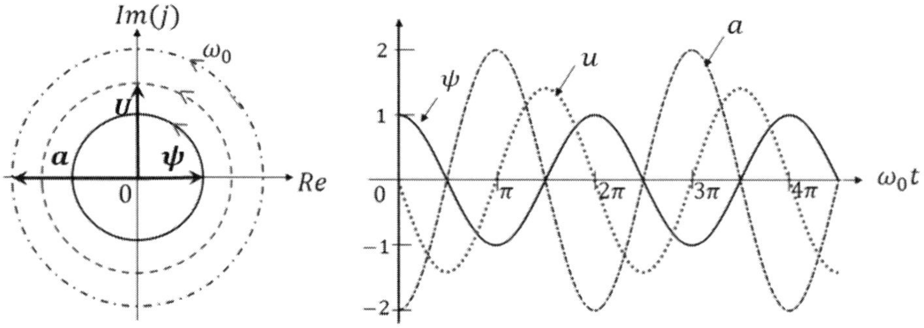

그림 2.3 입자 변위, 속도, 가속도의 관계($\omega_0=\sqrt{2}$, $A=1$, $\phi=0$일 때)

식 (2.17a)와 (2.17b)에서 입자속도는 변위에 j가 한 번, 가속도는 j가 두 번 곱해져 있는데, 식 (2.18a)와 (2.18b) 및 그림 2.3에서 알 수 있는 바와 같이 허수 j가 한번 곱해질 때마다 위상이 $\pi/2$ [rad], 즉 90° 빨라진다.

2.2 초기 조건에 따른 단조화 진동의 해

단조화 진동의 기본방정식을 만족하는 일반해는 몇 가지 방법으로 주어질 수 있음을 앞에서 기술하였다. 그중에서 가장 많이 사용되는 것은 식 (2.7b)이다. 그 식에서 각주파수 ω_0는 계의 구성에 의해 일정값으로 정해지지만 진폭 A와 초기 위상각 ϕ는 임의 시간에서의 변위나 속도 또는 가속도의 값을 알아야 정할 수 있다. 일반적으로 그 조건으로서 $t=0$일 때의 상태, 즉 **초기 조건**(initial condition)이 주어진다. 미분방정식을 풀어서 구한 일반해 중에서 초기조건 등 어떤 특정의 조건을 만족하는 해를 **특수해**(particular solution)라고 하는데, 이하에서는 단조화 진동에 있어서 초기조건에 따른 특수해에 대해서 기술한다.

(1) 초기 조건이 $\psi(0)=A_0$, $u(0)=0$일 때

단조화 운동에서의 초기 상태는 $t=0$에서 그림 2.1에서처럼 ψ만큼 변위된 위치에 정지해 있다가 놓는 것이 일반적이다. 만약 $\psi=A_0$ [m]이라고 하면 초기 조건은 다음과 같다.

$$\psi(0)=A_0\ ;\quad u(0)=0 \tag{2.19}$$

이 조건은 변위의 일반해를 식 (2.7a)인 사인 함수로 나타내었을 때 다음에 해당한다.

$$\psi(0) = A\sin\phi = A_0 \tag{2.20a}$$

$$u(0) = \omega_0 A\cos\phi = 0 \tag{2.20b}$$

식 (2.20b)에서 ω_0와 A가 0이 아니므로 $\cos\phi = 0$, 즉 $\phi = \pi/2$가 되어야 한다. 그에 따라 식 (2.20a)에서 $A = A_0$가 된다. 따라서 주어진 초기 조건을 만족하는 변위의 식은 다음과 같이 주어진다.

$$\psi(t) = A_0\sin\left(\omega_0 t + \frac{\pi}{2}\right) = A_0\cos\,\omega_0 t \tag{2.21}$$

변위의 일반해를 식 (2.7b)인 코사인 함수로 나타내었을 때는 다음과 같다.

$$\psi(0) = A\cos\phi = A_0 \tag{2.22a}$$

$$u(0) = -\omega_0 A\sin\phi = 0 \tag{2.22b}$$

식 (2.22b)에서 ω_0와 A가 0이 아니므로 $\sin\phi = 0$, 즉 $\phi = 0$가 되어야 한다. 그에 따라 식 (2.22a)에서 $A = A_0$가 된다. 따라서 주어진 초기 조건을 만족하는 변위의 식은 다음과 같이 되어 식 (2.21)과 같다.

$$\psi(t) = A_0\cos\omega_0 t \tag{2.23}$$

이로부터 미분방정식의 일반해가 여러 가지 형태로 표현되어도 어떤 특정 조건을 만족시키는 특수해는 같다는 것을 알 수 있다.

(2) 초기 조건이 $\psi(0) = A_0$, $u(0) = u_0$일 때

이 조건에서 변위의 일반해를 사인 함수인 식 (2.7a)로 나타내었을 때는 다음과 같다.

$$\psi(0) = A\sin\phi = A_0 \tag{2.24a}$$

$$u(0) = \omega_0 A\cos\phi = u_0 \tag{2.24b}$$

이 두 식으로부터 다음의 관계가 얻어진다.

$$A = \sqrt{A_0^2 + \frac{u_0^2}{\omega_0^2}} \tag{2.25a}$$

$$\phi = \tan^{-1}\left(\frac{\omega_0 A_0}{u_0}\right) \tag{2.25b}$$

따라서 변위는 다음과 같이 나타내어진다.

$$\psi(t) = A_0{}' \sin(\omega_0 t + \phi') \tag{2.26}$$

$$\text{단, } A_0{}' = \sqrt{A_0^2 + \frac{u_0^2}{\omega_0^2}}, \quad \phi' = \tan^{-1}\left(\frac{\omega_0 A_0}{u_0}\right)$$

한편, 일반해를 코사인 함수인 식 (2.7b)로 나타내었을 때는 다음과 같다.

$$\psi(0) = A\cos\phi = A_0 \tag{2.27a}$$

$$u(0) = -\omega_0 A \sin\phi = u_0 \tag{2.27b}$$

이 두 식으로부터는 다음의 관계가 얻어진다.

$$A = \sqrt{A_0^2 + \frac{u_0^2}{\omega_0^2}} \tag{2.28a}$$

$$\phi = -\tan^{-1}\left(\frac{u_0}{\omega_0 A_0}\right) \tag{2.28b}$$

따라서 진폭 A는 식 (2.25a)와 같으나, 초기 위상각은 식 (2.25b)와 다른 값을 갖는다. 이에 따른 변위는 다음과 같이 표현된다.

$$\psi(t) = A_0{}' \cos(\omega_0 t + \phi') \tag{2.29}$$

$$\text{단, } A_0{}' = \sqrt{A_0^2 + \frac{u_0^2}{\omega_0^2}}, \quad \phi' = -\tan^{-1}\left(\frac{u_0}{\omega_0 A_0}\right)$$

이 식 (2.26)과 식 (2.29)는 같은 식인데, 그것은 삼각함수를 전개해 보면 알 수 있다. 이상으로부터 진폭 $A_0{}'$ 및 초기 위상 ϕ'가 초기 속도 u_0에 따라 달라짐을 알 수 있는데, $u_0 = 0$일 때는 식 (2.21)이 된다.

예제 2.1 마찰이 없는 책상 면 위에서 1000 N/m의 탄성 상수를 갖는 용수철에 질량 100 g 물체를 매달아 진동시키면 공진 주파수는 몇 Hz가 되는가?

예제 2.2 예제 2.1의 진동계를 평형 위치에서 10 cm 늘렸다가 가만히 놓았다. 변위를 나타내는 식을 구하라.

예제 2.3 예제 2.1의 진동계에 대해 $t=0$일 때 속도가 -0.5 m/s이었다. $t=10$ s일 때의 (a) 변위, (b) 속도, (c) 가속도를 나타내는 식을 각각 구하라.

2.3 단조화 진동의 다른 예

2.3.1 단진자

저항이 없는 공간에서 그림 2.4와 같이 질량 m인 물체가 길이 ℓ인 줄에 매달려 진동하는 **단진자**(simple pendulum)에서의 자유 진동에 대해 생각해 보자. 추가 수직 하방에 있는 경우인 평형 상태로부터 ψ [rad]만큼의 각변위가 생겼을 때 단조화 진동의 기본방정식은 다음과 같이 유도된다. 즉, 이 계에 작용하는 알짜 힘은 **복원 토크**(return torque) T_s인데 그것은 다음과 같다.

$$T_s = -mg\ell\sin\psi \tag{2.30}$$

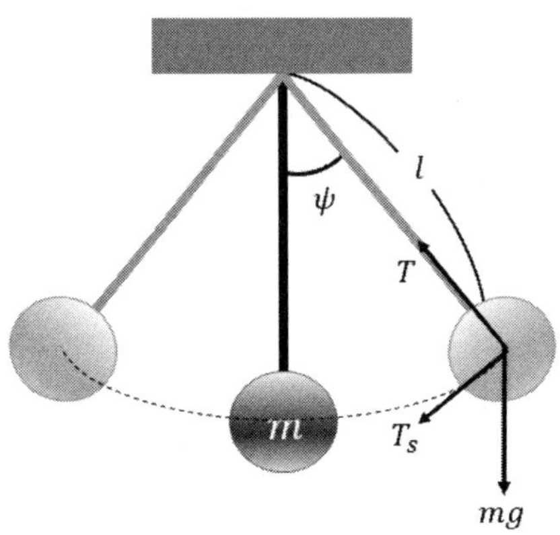

그림 2.4 단조화 진동계의 예 (단진자)

그리고 회전운동에 대한 운동방정식은 다음과 같다.

$$T_s = I\alpha = I\frac{d^2\psi}{dt^2} \tag{2.31}$$

단, $I=$ 관성모멘트, $\alpha=$ 각가속도

단진자에 대한 **관성모멘트**는 다음과 같이 주어진다.

$$I = m\ell^2 \tag{2.32}$$

위 세 식으로부터 다음 식이 얻어진다.

$$\frac{d^2\psi}{dt^2} + \frac{g}{\ell}\sin\psi = 0 \tag{2.33}$$

여기에 각변위 ψ가 작을 경우 $\sin\psi \approx \psi$ 임을 고려하면 다음과 같은 **단조화 운동 기본방정식**이 얻어진다.

$$\frac{d^2\psi}{dt^2} + \omega_0^2\psi = 0 \tag{2.34}$$

단, $\omega_0 = \sqrt{\frac{g}{\ell}}$

이로부터 단진자의 **공진 주파수**는 다음과 같이 된다.

$$f_0 = \frac{1}{2\pi}\sqrt{\frac{g}{\ell}}\ \ [\mathrm{Hz}] \tag{2.35}$$

이 공진 주파수는 질량에는 무관하고 줄 길이의 제곱근에 반비례함을 알 수 있다. 그리고 식 (2.3)과 같은 모양의 단조화 운동의 기본방정식인 식 (2.34)의 일반해는 다음과 같이 주어진다.

$$\psi(t) = A\cos(\omega_0 t + \phi) = A\cos(2\pi f_0 t + \phi) \tag{2.36}$$

이 식은 코사인 함수로 나타낸 변위로서 식 (2.7b)와 같다.

2.3.2 헬름홀츠 공명기

부피가 V인 임의의 **공동**(cavity)에 **목**(neck)이라고 불리는 가늘고 짧은 관(길이 l, 단면적 A)이 연결된 그림 2.5(a)와 같은 물체를 **헬름홀츠 공명기**(Helmholtz resonator)라고 한다. 여기서 목의 부피는 동공의 부피에 비해 대단히 작다. 이러한 공명기에 목 입구로부터 순간적으로 압력을 가했다가 제거하면 동공 내부의 공기가 외부와의 압력차 때문에 압축과 팽창을 반복하면서 용수철처럼 진동하게 된다. 이 때 목 부분의 공기가 용수철-질량계에서의 질량처럼 움직인다. 즉, 그림 2.5(b)와 같이 모식적으로 나타낼 수 있으며, 이에 대한 단조화 진동의 기본방정식은 다음과 같이 유도된다. 즉, 헬름홀츠 공명기에서 변화된 부피 dV는 목 부분의 단면적 A와 변위 ψ에 의해 다음과 같이 주어진다.

$$dV = A\psi \tag{2.37}$$

그리고 매질 고유의 상수인 **부피 탄성률**(bulk modulus) β는 후술하는 식 (3.6)에서 정의된 것처럼 다음으로 주어진다.

$$\beta = -\frac{dP}{dV/V} \tag{2.38}$$

여기서 V는 원래의 부피이며 dP는 변화된 압력으로서, 음파에 의해 압력이 변화했으므로 음압에 해당한다. 이 식에서 '−' 는 체적이 증가하면 압력은 감소함을 의미한다. 이로부터 다음의 식이 얻어진다.

$$dP = -\frac{\beta A\psi}{V} \tag{2.39}$$

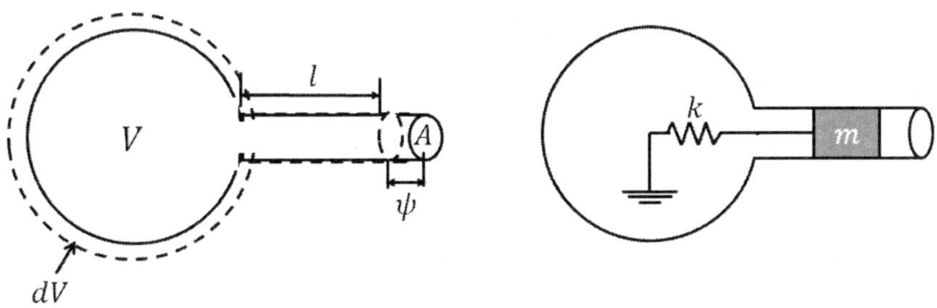

(a) (b)

그림 2.5 단조화 진동계의 예(헬름홀츠 공명기)

이 압력에 대한 복원력은 다음과 같다.

$$F_s = A\,dP = -\frac{\beta A^2}{V}\psi \tag{2.40}$$

그리고 목 부분의 공기 질량 m은 다음과 같다.

$$m = \rho \ell A \text{ [kg]} \tag{2.41}$$

여기서 ρ는 헬름홀츠 공명기 내의 유체의 밀도이다. 뉴턴의 운동방정식을 고려하면 식 (2.40)과 식 (2.41)로부터 다음의 식이 얻어진다.

$$\frac{d^2\psi}{dt^2} + \frac{\beta A}{\rho \ell V}\psi = 0 \tag{2.42}$$

따라서 다음과 같은 **단조화 진동 기본방정식**이 얻어진다.

$$\frac{d^2\psi}{dt^2} + \omega_0^2\psi = 0 \tag{2.43}$$

$$\text{단, } \omega_0 = \sqrt{\frac{\beta A}{\rho \ell V}}$$

이로부터 공진 주파수는 동공의 부피가 크거나 목의 길이가 길면 낮아지고, 목의 면적이 크면 높아지는 것을 알 수 있다. 한 가지 주의해야 할 점은 여기에서의 부피 탄성률은 제3.3절에 기술한 것처럼 매질인 기체의 **단열변화**에 대한 것으로서 다음과 같이 주어진다.

$$\beta = \gamma P \tag{2.44}$$

여기서 γ는 **비열비**이고, P는 평형 상태에서의 압력, 즉 정압이다. 공기에서는 $\gamma = 1.4$이고, 정압인 대기압은 $P \approx 10^5$ Pa이며, 공기 밀도는 $\rho \approx 1.2$ kg/m^{3}이다.

예제 2.4 반지름 $r = 5.0$ cm인 구형 동공에 지름 $d = 2.0$ cm이고, 길이 $\ell = 1.0$ cm인 목이 연결되어 있다. 공기 중에서 공진 주파수는 몇 Hz인가?

2.4 감쇠 진동

자연 상태에서의 자유 진동계에는 진동을 방해하는 **저항력** F_d가 존재하므로 영구히 진동하지는 못한다. 저항력은 다양한 형태로 존재하나 여기서는 가장 간단한 것으로서, 그 크기가 물체의 속력 u에 비례하고 방향이 변위 ψ와 반대인 저항력, 즉, 다음의 저항력을 고려한다.

$$F_d = -bu = -b\frac{d\psi}{dt} \tag{2.45}$$

여기서 b [N · s/m]는 **저항계수**로서 물체의 형상에 따라 정해지는 상수이다. 이 저항력이 작용하는 경우의 자유 진동에 대해 살펴보자.

용수철과 질량으로 구성된 감쇠가 있는 자유 진동계는 그림 2.6(a)과 같이 나타낼 수 있다. 질량 m이 유체의 저항을 받는 이 계는 그림 2.6(b)의 소자 표시 그림에 나타낸 것처럼 질량 m의 운동에 대한 복원력이 용수철에 의한 힘과 유체의 저항력의 합으로 주어진다. 따라서 이 계에 대한 뉴턴의 운동방정식은 다음과 같다.

$$F_{sp} + F_d = ma \tag{2.46}$$

여기서 용수철의 복원력 F_{sp}는 식 (2.1)에 주어진 바와 같다. 따라서 다음의 식이 얻어진다.

$$\frac{d^2\psi}{dt^2} + \frac{b}{m}\frac{d\psi}{dt} + \frac{k}{m}\psi = 0 \tag{2.47}$$

이 식은 다음과 같은 **감쇠 진동의 기본방정식**이 된다.

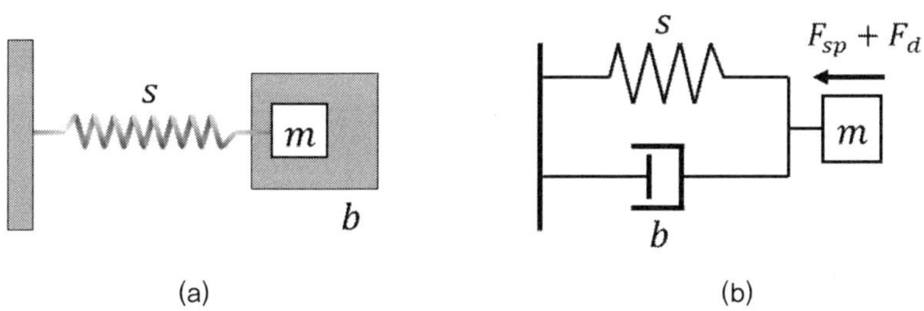

그림 2.6 유체 속에서의 용수철 질량계(a)와 그 소자 표시(b)

$$\frac{d^2\psi}{dt^2}+\gamma\frac{d\psi}{dt}+\omega_0^2\psi=0 \tag{2.48}$$

$$\text{단, } \gamma=\frac{b}{m}, \quad \omega_0=\sqrt{\frac{k}{m}}$$

여기서 γ는 주파수 차원을 가지며 제2.5절에 나오는 **각주파수 대역폭**에 해당한다.

감쇠가 있는 진동계에서 변위가 시간에 따라 어떻게 변하는가를 알기 위해서는 미분방정식인 식 (2.47)를 풀어 $\psi(t)$를 구하면 된다. 여기서는 그 풀이 방법으로서 **시험해**(trial solution)를 가정하여 주어진 식에 대입한 후, 그 식을 만족시키는 일반해를 구하는 방법을 택하기로 한다. 시험해를 다음과 같이 둔다.

$$\psi(t)=Ce^{pt} \tag{2.49}$$

이것을 식 (2.47)에 대입하면 다음과 같이 된다.

$$\left(p^2+\gamma p+\omega_0^2\right)Ce^{pt}=0 \tag{2.50}$$

이 식은 시간과 무관하게 언제든지 성립해야 하므로 다음의 조건이 만족되어야 한다.

$$p^2+\gamma p+\omega_0^2=0 \tag{2.51}$$

이 식을 **특성방정식**(characteristic equation)이라고 하며, 이 특성방정식의 해는 근의 공식에 의해 다음과 같이 구해진다.

$$p=-\frac{\gamma}{2}\pm\sqrt{\frac{1}{4}\gamma^2-\omega_0^2} \tag{2.52}$$

따라서, γ와 ω_0의 크기에 따라 p가 두 개의 실근, 중근 또는 두 개의 허근을 가질 수 있다. 그에 따라 진동은 다음과 같이 분류된다.

(1) 두 개의 허근, 즉 $\frac{1}{4}\gamma^2<\omega_0^2$일 때 $\Rightarrow$ **저감쇠**(under damping)

(2) 중근, 즉 $\frac{1}{4}\gamma^2=\omega_0^2$일 때 $\Rightarrow$ **임계감쇠**(critical damping)

(3) 두 개의 실근, 즉 $\frac{1}{4}\gamma^2>\omega_0^2$일 때 $\Rightarrow$ **과감쇠**(over damping)

이하에서는 그 각각에 대해 구체적으로 기술한다.

2.4.1 저감쇠

감쇠진동과 관련된 대부분의 현상에서는 감쇠계수 b가 작아서 $\gamma^2/4 < \omega_0^2$, 즉 $\gamma < 2\omega_0$의 조건이 만족되는데, 식 (2.52)의 근호 안의 값이 음이 되므로 p는 복소수가 된다. 이 때 용수철에 달린 질량 m은 평형 점을 중심으로 진동하면서 서서히 정지하게 되는데, 그 현상은 다음과 같이 수식으로 나타낼 수 있다. 먼저, 여기서 이 **감쇠 진동에 대한 공진 각주파수** ω_b를 다음과 같이 정의한다.

$$\omega_b \equiv \sqrt{\omega_0^2 - \frac{1}{4}\gamma^2} = \omega_0 \sqrt{1 - \left(\frac{\gamma}{2\omega_0}\right)^2} \tag{2.53}$$

이 ω_b는 양(+)의 값을 가지며 ω_0보다 작다. 이 값에 의해 식 (2.52)는 다음과 같이 된다.

$$p = -\frac{\gamma}{2} \pm j\omega_b = p_1,\ p_2 \tag{2.54}$$

이에 의해 식 (2.48)을 만족시키는 변위는 다음과 같이 구해진다.

$$\psi(t) = C_1 e^{p_1 t} + C_2 e^{p_2 t} \tag{2.55}$$

단, $p_1 = -\frac{\gamma}{2} + j\omega_b$, $p_2 = -\frac{\gamma}{2} - j\omega_b$

이 식은 다음과 같이 고쳐 쓸 수 있다.

$$\psi(t) = e^{-\frac{1}{2}\gamma t}\left(C_1 e^{j\omega_b t} + C_2 e^{-j\omega_b t}\right) \tag{2.56}$$

여기서 계수 C_1과 C_2는 복소수가 될 수 있으므로 $C_1 = a_1 + jb_1$, $C_2 = a_2 + jb_2$로 두고 이 식의 괄호 안을 전개하면 다음과 같이 된다.

$$C_1 e^{j\omega_b t} = (a_1 \cos\omega_b t - b_1 \sin\omega_b t) + j(b_1 \cos\omega_b t + a_1 \sin\omega_b t) \equiv X_1 + jY_1 \tag{2.57a}$$

$$C_2 e^{-j\omega_b t} = (a_2 \cos\omega_b t + b_2 \sin\omega_b t) + j(b_2 \cos\omega_b t - a_2 \sin\omega_b t) \equiv X_2 + jY_2 \tag{2.57b}$$

이 두 식의 합은 실제의 변위로서 실수여야 하므로 $Y_1 = -Y_2$가 되어야 한다. 즉, $a_1 = a_2$이고 $b_1 = -b_2$의 관계에 있다. 따라서 C_2는 C_1의 **공액복소수**(complex conjugate)가 된다. 그에 따라 식 (2.56)의 변위는 다음과 같이 나타낼 수 있다.

$$\psi(t) = e^{-\frac{1}{2}\gamma t}(Ce^{j\omega_b t} + C^* e^{-j\omega_b t}) \tag{2.58}$$

단, C^*는 C의 공액복소수

이 식에서 괄호 부분을 전개하면 다음과 같다.

$$Ce^{j\omega_b t} + C^* e^{j\omega_b t} = 2a\cos\omega_b t - 2b\sin\omega_b t \tag{2.59}$$

이 식의 우변에 있는 a와 b를 다음과 같이 고려한다.

$$a = \frac{1}{2}A\cos\phi, \quad b = \frac{1}{2}A\sin\phi \tag{2.60}$$

그러면 식 (2.59)의 우변은 $A\cos(\omega_b t + \phi)$가 되므로 식 (2.58)의 변위는 다음과 같이 나타내어진다.

$$\psi(t) = Ae^{-\frac{1}{2}\gamma t}\cos(\omega_b t + \phi) \tag{2.61}$$

이것이 **감쇠 진동의 실제 변위를 나타내는 일반식**이다. 이 식은 각주파수 ω_b인 진동의 진폭이 시간에 따라 지수적으로 감소하는 것을 나타내는데, 시간이 $t = 2/\gamma$ 지나면 진폭이 $e^{-1} = 0.368$로 감소한다. 이 시간을 **시상수**(time constant)라고 부른다. 그리고 만약 감쇠가 없으면, 즉 $\gamma = 0$이면 지수항은 1이 되고 $\omega_b = \omega_0$가 되어 식 (2.7b)와 같은 단조화 진동이 된다.

식 (2.61)의 최대 진폭 A와 초기위상 ϕ는 초기 조건으로부터 정해지는데, 예를 들어 $t = 0$에서 변위가 $\psi = A_1$이고, 속도가 $u = 0$이면 다음과 같이 된다.

$$\psi(0) = A\cos\phi = A_1 \tag{2.62a}$$

$$u(0) = -\frac{1}{2}\gamma A\cos\phi - \omega_b A\sin\phi = 0 \tag{2.62b}$$

식 (2.62b)에서 다음이 얻어진다.

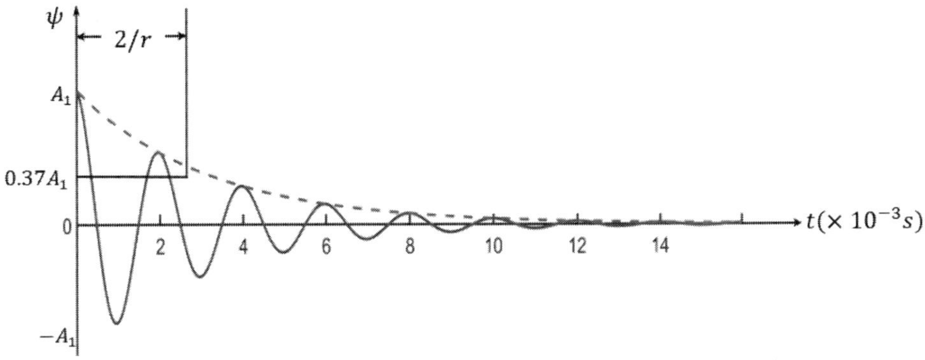

그림 2.7 저감쇠 진동의 예 ($\omega_0 = 10^3\pi$ [rad/s], $\gamma = \omega_0/5$일 때)

$$\phi = -\tan^{-1}\frac{\gamma}{2\omega_b} \tag{2.63}$$

이에 따라 식 (2.62a)는 다음과 같이 된다.

$$A = A_1 \sec\phi = A_1\sqrt{(1+\tan^2\phi)} = A_1\sqrt{1+\left(\frac{\gamma}{2\omega_b}\right)^2} \tag{2.64}$$

그림 2.7은 저감쇠 진동의 일례로서, $\omega_0 = 10^3\pi$ [rad/s], $\gamma = \omega_0/5$일 때 초기진폭 A_1의 물체가 정지된 상태에서부터 진동하기 시작한 경우의 변위 모습을 나타낸다.

이상과 같이 감쇠로 인해 진폭이 변화하는 파는 단조화 진동의 파형과는 달리 주파수 성분이 하나로 고정되지 않는다. 즉, 특정 주파수를 중심으로 여러 가지 주파수 성분을 갖는데 이에 대해서는 제7장에서 기술한다. 그림 2.7과 같이 감쇠하는 파에서의 주기 $T = 2\pi/\omega_b$는 감쇠가 없을 때인 $T = 2\pi/\omega_0$ 보다 길어져 중심주파수가 낮아짐에 주의할 필요가 있다.

2.4.2 임계감쇠

전술한 저감쇠 현상에서는 물체가 완전히 정지 상태가 되는 동안 변위 ψ의 부호가 적어도 한번은 '+'에서 '−'로, 또는 '−'에서 '+'로 바뀌게 된다. 즉, 진동하면서 정지 상태가 된다. 그러나 저항계수 b가 어느 값 이상 크게 되면 진동하지 않고 정지하게 되는데, 그 경계가 되는 조건은 $\gamma^2/4 = \omega_0^2$, 즉 $\gamma = 2\omega_0$이다. 이 때 식 (2.52)의 근호 안의 값이 0이 되므로 특성방정식의 해 p는 중근이 되어 다음과 같이 나타내어진다.

$$p_1 = p_2 = -\frac{1}{2}\gamma = -\omega_0 \tag{2.65}$$

이에 따른 식 (2.48)의 일반해는 다음과 같이 주어진다.

$$\psi(t) = C_1 e^{-\omega_0 t} + C_2 t e^{-\omega_0 t} \tag{2.66}$$

여기서 C_1과 C_2는 초기조건에 의해 정해지는데, 예를 들어 $t=0$ 에서의 변위와 속도가 각각 $\psi(0) = A_1$, $u(0) = 0$ 이면 다음과 같이 된다.

$$C_1 = A_1 \tag{2.67a}$$

$$C_2 = \omega_0 A_1 \tag{2.67b}$$

여기서 C_2는 식 (2.66)을 시간 t에 대해 미분한 후, $t=0$를 대입하여 구한 값이다. 따라서 식 (2.66)의 변위는 다음과 같이 된다.

$$\psi(t) = A_1(1+\omega_0 t)e^{-\omega_0 t} \tag{2.68}$$

그림 2.8은 이 식으로 구한 임계감쇠의 일례로서, $\omega_0 = 10^3\pi$ [rad/s], $\gamma = 2\omega_0$일 때 초기 진폭 A_1의 물체가 정지된 상태에서부터 움직이기 시작한 경우의 변위 모습을 나타낸다.

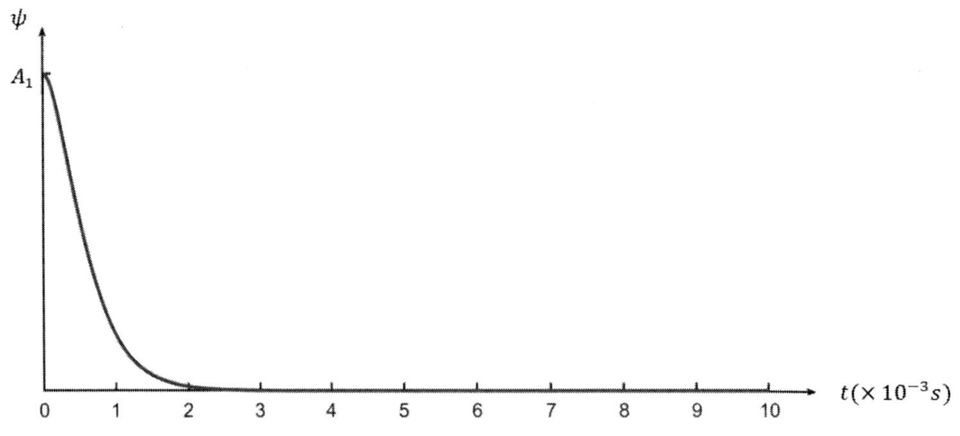

그림 2.8 임계감쇠 진동의 예($\omega_0 = 10^3\pi\,[rad/s]$, $\gamma = 2\omega_0$일 때)

2.4.3 과감쇠

감쇠계수 b가 임계감쇠일 때의 값보다 커서 $\gamma^2/4 > \omega_0^2$, 즉 $\gamma > 2\omega_0$가 되면 임계감쇠일 때보다 서서히 $x = 0$ 인 평형 지점으로 가서 정지하게 된다. 이 때도 임계감쇠와 마찬가지로 진동은 하지 않는다. 이 때는 식 (2.52)의 근호 안의 값이 양수가 되어 특성방정식의 해 p는 두 개의 실근을 가진다.

$$p_1 = -\left\{\frac{\gamma}{2} + \sqrt{\frac{1}{4}\gamma^2 - \omega_0^2}\right\} \equiv -P_1 \tag{2.69a}$$

$$p_2 = -\left\{\frac{\gamma}{2} - \sqrt{\frac{1}{4}\gamma^2 - \omega_0^2}\right\} \equiv -P_2 \tag{2.69b}$$

P_1과 P_2는 다음의 관계가 있다.

$$P_1 > \frac{1}{2}\gamma > \omega_0 > P_2 \tag{2.70}$$

$$\omega_0 = \sqrt{P_1 P_2} \tag{2.71}$$

미분방정식 식 (2.48)의 일반해는 다음과 같다.

$$\psi(t) = C_1 e^{-P_1 t} + C_2 e^{-P_2 t} \tag{2.72}$$

여기서의 C_1과 C_2는 초기조건에 의해 정해지는데, 예를 들면 $t = 0$에서 변위와 속도가 각각 $\psi(0) = A_1$, $u(0) = 0$ 이면 다음과 같이 된다.

$$\psi(0) = C_1 + C_2 = A_1 \tag{2.73a}$$

$$u(0) = -(P_1 C_1 + P_2 C_2) = 0 \tag{2.73b}$$

위 두 식에서 C_1과 C_2를 구하여 식 (2.72)에 대입하면 다음과 같다.

$$\begin{aligned}\psi(t) &= \frac{A_1}{P_1 - P_2}\left(P_1 e^{-P_2 t} - P_2 e^{-P_1 t}\right) \\ &= \frac{A_1}{\sqrt{\gamma^2 - \omega_0^2}}\left(P_1 e^{-P_2 t} - P_2 e^{-P_1 t}\right)\end{aligned} \tag{2.74}$$

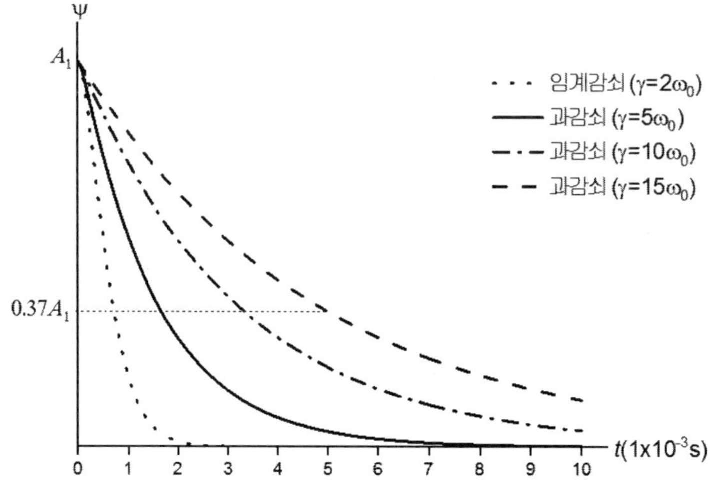

그림 2.9 초기 변위가 있고, 속도가 없을 때 임계 및 과감쇠 진동의 예
($\omega_0 = 10^3\pi\,[\mathrm{rad/s}]$, $\gamma = 2\omega_0$, $5\omega_0$, $10\omega_0$, $15\omega_0$ 일 때)

그림 2.9는 초기조건이 $\psi(0) = A_1$, $u(0) = 0$ 일 때 임계감쇠 및 과감쇠 진동의 예로서 $\omega_0 = 10^3\pi\,[\mathrm{rad/s}]$ 이고, $\gamma = 5\omega_0$, $10\omega_0$, $15\omega_0$ 일 때의 변위의 변화를 임계감쇠($\gamma = 2\omega_0$)와 비교하여 나타내었다.

만약, $P_1 \gg P_2$ 이면 식 (2.74)의 두 번째 항은 운동에 거의 기여하지 못하므로 다음과 같이 근사 된다.

$$\psi(t) \approx \frac{A_1 P_1}{\sqrt{\gamma^2 - \omega_0^2}} e^{-P_2 t} \tag{2.75}$$

이러한 과감쇠에 있어서 변위는 시간에 따라 감소하여 $\psi = 0$ 에 접근하나 음의 값은 가지지 않는다.

한편, 초기 조건이 $t = 0$ 에서의 변위는 없으나 속도가 있어, $\psi(0) = 0$, $u(0) = U_0$ 이면 다음과 같이 된다.

$$\psi(0) = C_1 + C_2 = 0 \tag{2.76a}$$

$$u(0) = -(P_1 C_1 + P_2 C_2) = U_0 \tag{2.76b}$$

이 두 식에서 C_1과 C_2를 구하여 식 (2.72)에 대입하면 다음과 같다.

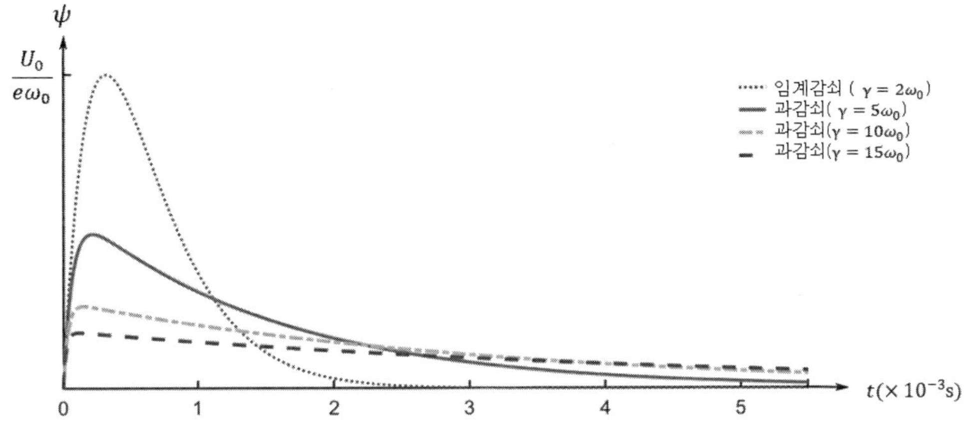

그림 2.10 초기에 변위는 없고, 속도가 있을 때 임계 및 과감쇠 진동 변위의 예
($\omega_0 = 10^3\pi$[rad/s], $\gamma = 2\omega_0$, $5\omega_0$, $10\omega_0$, $15\omega_0$일 때)

$$\psi(t) = \frac{U_0}{P_1 - P_2}\left(e^{-P_2 t} - e^{-P_1 t}\right) \tag{2.77}$$

그림 2.10은 이 식을 사용하여 구한 초기 조건이 $\psi(0) = 0$, $u(0) = U_0$일 때의 임계감쇠 및 과감쇠 진동의 예로서 $\omega_0 = 10^3\pi$ [rad/s]이고, $\gamma = 2\omega_0$, $5\omega_0$, $10\omega_0$, $15\omega_0$일 때 변위의 변화를 나타낸다.

이 그림으로부터 변위의 진폭은 임계감쇠($\gamma = 2\omega_0$)일 때 최대가 되고, 대역폭 γ가 클수록 작아짐을 알 수 있다. 임계감쇠일 때 변위의 일반해는 식 (2.66)으로 주어지는데, $\psi(0) = 0$와 $u(0) = U_0$를 고려하면 변위는 다음과 같이 나타내어진다.

$$\psi(t) = U_0\, t\, e^{-\omega_0 t} \tag{2.78}$$

변위의 진폭이 최대가 되는 시간은 이 식을 미분한 값이 0이 되는 시간으로서 다음과 같이 얻어진다.

$$t = \frac{1}{\omega_0} \tag{2.79}$$

따라서 임계 감쇠의 최대 진폭 $\psi_{\max}$은 이 값을 식 (2.78)에 대입하면 얻어지는데 다음과 같이 된다.

$$\psi_{max} = \frac{U_0}{e\,\omega_0} = 0.37\frac{U_0}{\omega_0} \tag{2.80}$$

그림 2.10으로부터 과감쇠가 되면 진폭의 최댓값은 임계 감쇠보다 줄어들고, 그 최대 진폭을 나타내는 주파수가 낮아짐을 알 수 있다.

예제 2.5 식 (2.66)으로부터 식 (2.78)을 유도하라.

2.5 강제 진동

지금까지는 계에 외부 구동력이 작용하지 않는 자연 상태의 진동에 대해 살펴보았다. 여기서는 외부 구동력이 지속해서 작용하고 있는 경우에 대해 고찰한다. 그림 2.11에 나타낸 것처럼 저항력이 작용하는 용수철-질량 계에 진폭이 F_0이고, 각주파수 ω인 다음의 **외부 구동력**이 작용할 때를 생각하자.

$$F_{ext} = F_0 \cos \omega t \tag{2.81}$$

이 계는 외력이 가해지고 나서 시간이 충분히 지난 후에는 결국 외부 구동력에 따라 단조화 진동을 하게 된다. 그와 같이 외부 구동력의 주파수에 따라 진동하는 안정된

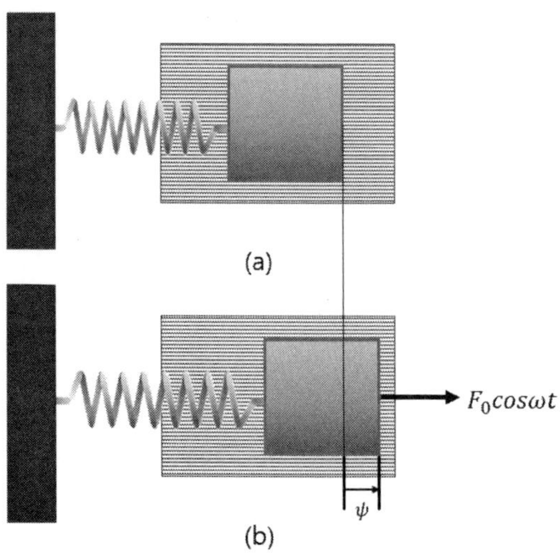

그림 2.11 감쇠가 있는 강제 진동계의 평형 상태(a)와 늘어난 상태(b)

상태를 **정상상태**(steady state)라고 한다. 그러나 그 구동력이 작용한 바로 직후부터 정상상태가 될 때까지는 계의 특성에 따라 다른 진동 상태를 나타낸다. 그 상태를 **과도상태**(transient state)라고 한다. 즉, 강제 진동은 초기의 과도상태와 나중의 정상상태를 가진다.

2.5.1 강제 진동에서의 변위

그림 2.11에 나타낸 감쇠가 있는 강제 진동계에 작용하는 알짜 힘은 복원력에서 외부 구동력을 뺀 것이므로 그에 따른 운동방정식은 다음과 같다.

$$b\frac{d\psi}{dt}+k\psi-F_{ext}=m\frac{d^2\psi}{dt^2} \tag{2.82}$$

이 식을 정리하면 다음과 같다.

$$\frac{d^2\psi}{dt^2}+\gamma\frac{d\psi}{dt}+\omega_0^2\psi=\frac{F_0}{m}\cos\omega t \tag{2.83}$$

이 미분방정식이 **강제 진동에 대한 기본방정식**이다. 이 식을 풀어 변위를 구하는 방법의 하나는 과도상태의 해와 정상상태의 해를 각각 구하여 합하는 것이다.

물리 현상의 연속성을 고려하면 과도상태의 시작 시점, 즉 외부 구동력이 가해진 직후의 시점($t=0^+$)는 그 직전 시점($t=0^-$)의 상태와 같아야 한다. 따라서 과도상태는 $F_{ext}=0$인 상태이다. 이것은 외부 구동력이 없는 자유 진동과 같다. 따라서 감쇠가 작은 저감쇠 진동일 때를 고려하면 그 일반해는 식 (2.61)과 동일하므로 다음과 같이 주어진다.

$$\psi(t)=Ae^{-\frac{1}{2}\gamma t}\cos(\omega_b t+\phi)\equiv\psi_{tr} \tag{2.84}$$

이것은 **과도상태의 변위**이므로 ψ_{tr}라고 두었다.

한편, 정상상태에 대해서는 연산의 편리성을 고려하여 외력을 복소 표현하여 다음과 같이 둔다.

$$F_{ext}=F_0e^{j\omega t} \tag{2.85}$$

여기서 F_0는 외력의 진폭이고 ω는 외력의 주파수이며, 지수함수 $e^{j\omega t}$의 실수부를 취하면 식 (2.81)에 나타낸 실제의 외력이 된다. 정상상태에서 이 외력에 의한 변위 $\psi(t)$의 주파수는 외력의 주파수와 같으며 위상만 다르게 될 것이므로 다음과 같이 둘 수 있다.

$$\psi(t) = \boldsymbol{A}\, e^{j\omega t} \tag{2.86}$$

단, $\boldsymbol{A} = A\, e^{j\phi} = A \angle \phi$

이것을 식 (2.83)에 대입하면 다음과 같이 된다.

$$\left(-\omega^2 + j\omega\gamma + \omega_0^2\right)\boldsymbol{A}\, e^{j\omega t} = \frac{F_0}{m} e^{j\omega t} \tag{2.87}$$

이로부터 다음과 같이 복소 진폭이 구해진다.

$$\boldsymbol{A} = \frac{F_0}{m} \frac{1}{\left(\omega_0^2 - \omega^2 + j\omega\gamma\right)\}} \tag{2.88}$$

이 복소 진폭의 크기와 위상각은 각각 다음과 같다.

$$A = \frac{F_0}{m} \frac{1}{\sqrt{(\omega_0^2 - \omega^2)^2 + \omega^2\gamma^2}} \tag{2.89a}$$

$$\phi = -\tan^{-1}\left[\frac{\omega\gamma}{\omega_0^2 - \omega^2}\right] \tag{2.89b}$$

이 식으로부터 A와 ϕ는 외부 구동력의 진폭 F_0와 그 진동수 ω에 의존함을 알 수 있다. 이에 따른 실제 변위는 다음과 같이 표시된다.

$$\begin{aligned}\psi(t) &= \frac{F_0}{m} \frac{1}{\sqrt{(\omega_0^2 - \omega^2)^2 + \omega^2\gamma^2}} Re\left\{e^{j(\omega t + \phi)}\right\} \\ &= \frac{F_0}{m} \frac{1}{\sqrt{(\omega_0^2 - \omega^2)^2 + \omega^2\gamma^2}} \cos(\omega t + \phi) \equiv \psi_{st}\end{aligned} \tag{2.90}$$

이것이 **정상상태의 변위**이므로 ψ_{st}라고 두었다. 따라서 과도상태와 정상상태를 모두 포함하는 변위의 일반해는 다음과 같이 주어진다.

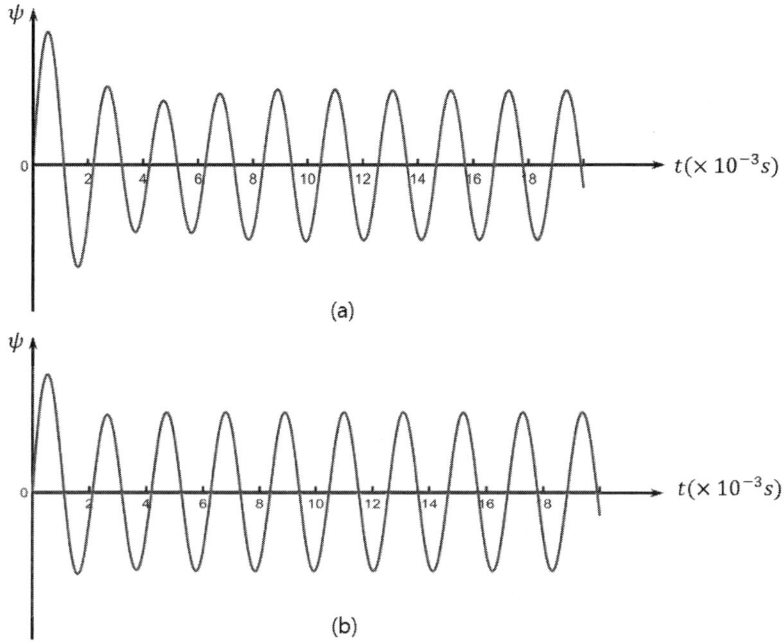

그림 2.12 강제 진동계 과도상태 변위의 예: (a) $\gamma = \omega_0$, (b) $\gamma = \omega_0/3$

$$\begin{aligned}\psi &= \psi_{tr} + \psi_{st} \\ &= \frac{F_0}{m}\frac{1}{\sqrt{(\omega_0^2 - \omega^2)^2 + \omega^2\gamma^2}}\left\{e^{-\frac{1}{2}\gamma t}\cos(\omega_b t + \phi) + \cos(\omega t + \phi)\right\}\end{aligned} \tag{2.91}$$

여기서 감쇠가 없는 단조화 진동의 자연 각주파수 ω_0 와 감쇠계의 자연 각주파수 ω_b 그리고, 외부 구동력의 각주파수 ω는 서로 다름에 주의하라.

그림 2.12(a)와 (b)는 강제 진동의 예로서, 진동계의 공진 주파수는 $\omega_0 = 10^3\pi$ [rad/s]이고, 외부구동력의 주파수 $\omega = 1.2\omega_0$일 때의 변위를 나타낸다. 그림 2.12(a)는 대역폭 $\gamma = \omega_0$일 때이고, 그림 2.12(b)는 대역폭 $\gamma = \omega_0/3$일 때이다. 그림으로부터 초기의 과도 상태에서는 정상상태와 다른 진동을 하며, 대역폭이 작을수록 더 빨리 외부구동력에 따라 진동한다는 것을 알 수 있다.

2.5.2 정상상태에 대한 기계 임피던스를 이용한 해석

강제 진동을 하는 계는 외부 구동력에 의해 입자가 운동한다. 이 때 변위나 입자속도

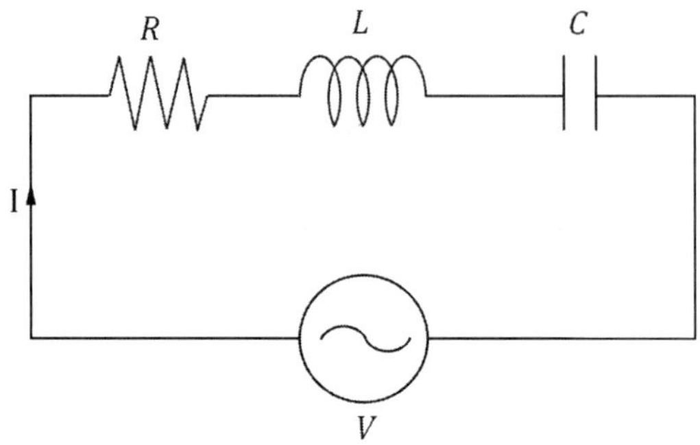

그림 2.13 RLC 직렬 전기회로

및 가속도는 그 구동력과 계를 구성하는 성분에 의해 정해지는 기계 임피던스에 따라 달라진다. 여기서 기계 임피던스란 제1.3절에서 논한 바와 같이 전기회로에서의 전기 임피던스와 상응하는 개념이다.

그림 2.13은 전기저항 R, 인덕터 L, 커패시터 C가 직렬로 연결된 회로를 나타낸다. 과도상태를 포함하는 회로는 스위치가 달려 있는데, 이 회로는 스위치가 없으므로 정상상태에 있다. 여기서 복소수를 볼드체로 표시하면 이 회로의 **전기 임피던스** $\boldsymbol{Z}_e$ 는 다음과 같다.

$$\boldsymbol{Z}_e = R + jX_e = R + j\left(\omega L - \frac{1}{\omega C}\right) \tag{2.92}$$

제1.3절에서 언급한 것처럼 이 전기 임피던스의 실수부 R은 **전기저항**(electrical resistance), 허수부 X_e 는 **전기 리액턴스**(electrical reactance)라고 불린다. 외부 구동력 f_{ext}에 의해 진동하는 기계계의 **기계 임피던스** $\boldsymbol{Z}_m$은 **기계저항** R_m(mechanical resistance)와 **기계 리액턴스**(mechanical reactance) X_m에 의해 다음과 같이 주어진다.

$$\boldsymbol{Z}_m = R_m + jX_m = b + j\left(\omega m - \frac{k}{\omega}\right) \tag{2.93}$$

이 기계 임피던스는 [N·s/m]=[kg/s]의 단위를 가지며 일반적으로 복소수이다. 따라서 크기와 위상각은 다음과 같이 주어진다.

$$|\boldsymbol{Z}_m| = Z_m = \sqrt{b^2 + (\omega m - k/\omega)^2} \tag{2.94a}$$

$$\theta = \tan^{-1}\left\{\frac{\omega m - k/\omega}{b}\right\} \tag{2.94b}$$

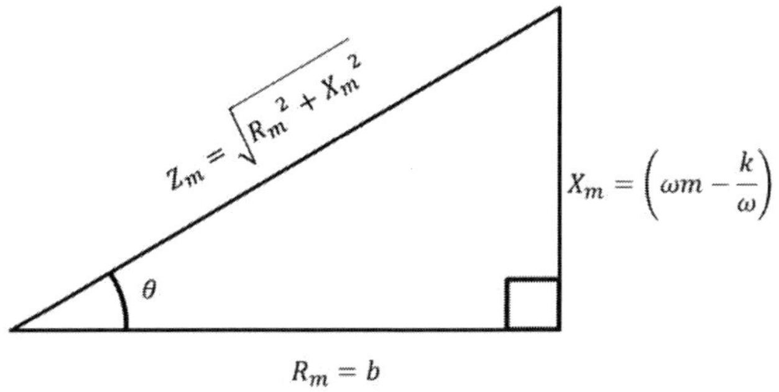

그림 2.14 기계 임피던스 삼각도

이 관계는 그림 2.14의 **기계 임피던스 삼각도**를 고려하면 쉽게 이해할 수 있다. 이 삼각도는 전기계와 음향계 임피던스에서도 동일하게 적용된다. 그리고, 기계 임피던스를 복소 진폭과 같은 페이저 형태로 나타내면 다음과 같다.

$$\boldsymbol{Z}_m = Z_m e^{j\theta} = Z_m \angle \theta \tag{2.95}$$

기계 임피던스를 전기 임피던스와 비교하면, 기계저항 b은 전기저항 R에, 질량 m은 인덕턴스 L에, 탄성 상수 k는 커패시턴스의 역수 $1/C$에 상응하는 관계에 있음을 알 수 있다. 따라서 그림 2.11에 나타낸 강제 진동하는 기계계가 정상상태에 있을 때 그림 2.15와 같이 전기회로 형태로 표현하여 해석하기도 한다. 그러한 해석에 있어서 기계계와 전기계는 표 2.1에 나타낸 상응 관계가 성립한다.

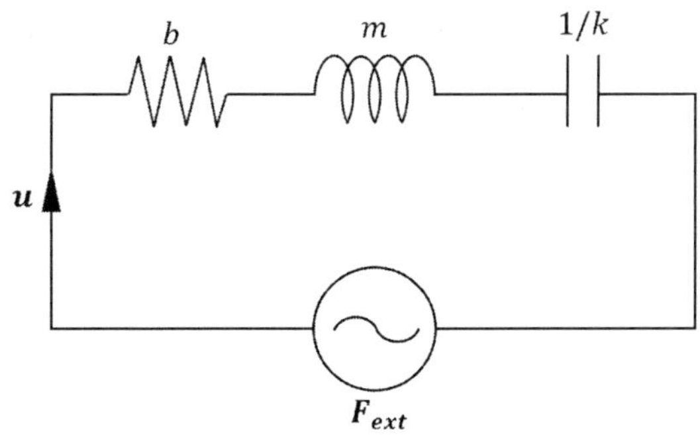

그림 2.15 기계계의 회로 표현

표 2.1 전기계와 기계계의 상사

전기계		기계계	
전기저항	$R\,[\Omega]$	기계저항	$b\,[\mathrm{N \cdot s/m}]$
인덕턴스	$L\,[\mathrm{H}]$	질량	$m\,[\mathrm{kg}]$
커패시턴스	$C\,[\mathrm{F}]$	탄성 상수	$1/k\,[\mathrm{m/N}]$
전압	$V\,[\mathrm{V}]$	구동력	$F_{ext}\,[\mathrm{N}]$
전류	$I\,[\Omega]$	입자속도	$u\,[\mathrm{m/s}]$

기계계에서 **입자속도는 외부 구동력을 기계 임피던스로 나눈 것**이므로 다음과 같이 주어진다.

$$u = \frac{F_{ext}}{\boldsymbol{Z}_m} = \frac{F_0\, e^{j\omega t}}{Z_m e^{j\theta}} = \frac{F_0}{Z_m} e^{j(\omega t - \theta)} \tag{2.96}$$

입자속도의 진폭은 구동력의 크기를 기계 임피던스의 크기로 나눈 값이 되고, 위상은 기계 임피던스의 각 θ만큼 늦어진다. 그리고 이에 따른 변위와 가속도는 각각 다음과 같이 구해진다. 즉 변위는 입자속도를 시간에 대해 한번 적분한 것이므로 다음과 같다.

$$\psi = \frac{F_{ext}}{j\omega Z_m} \tag{2.97}$$

또한, 가속도는 입자속도를 시간에 대해 한번 미분한 것이므로 다음과 같다.

$$a = \frac{j\omega F_{ext}}{Z_m} \tag{2.98}$$

그리고 실제 속도, 변위 및 가속도는 복소수로 표시된 것의 실수부를 취해야 하므로 다음과 같이 주어진다.

$$\text{속도: } u(t) = Re\left(\frac{F_{ext}}{\boldsymbol{Z}_m}\right) = Re\left\{\frac{F_0 e^{j\omega t}}{Z_m\, e^{j\theta}}\right\} = \frac{F_0}{Z_m}\cos(\omega t - \theta) \tag{2.99}$$

$$\begin{aligned}\text{변위: } \psi(t) &= Re\left(\frac{F_{ext}}{j\omega \boldsymbol{Z}_m}\right) = Re\left\{\frac{F_0 e^{j\omega t}}{j\,\omega\, Z_m\, e^{j\theta}}\right\} \\ &= \frac{F_0}{\omega Z_m}\cos\left(\omega t - \theta - \frac{\pi}{2}\right) = \frac{F_0}{\omega Z_m}\sin(\omega t - \theta)\end{aligned} \tag{2.100}$$

$$가속도:\ a(t) = Re\left(\frac{j\omega F_{ext}}{\boldsymbol{Z}_m}\right) = Re\left\{\frac{j\omega F_0 e^{j\omega t}}{Z_m e^{j\theta}}\right\}$$

$$= \frac{\omega F_0}{Z_m}\cos\left(\omega t - \theta + \frac{\pi}{2}\right) = -\frac{\omega F_0}{Z_m}\sin(\omega t - \theta) \tag{2.101}$$

이상으로부터 입자속도의 크기는 변위의 크기에 각주파수 ω를 곱한 것이며, 가속도의 크기는 속도의 크기에 ω를 곱한 것, 즉 변위의 크기에 ω^2을 곱한 것과 같음을 알 수 있다. 즉, 변위의 진폭을 A라고 했을 때, 입자속도 및 가속도의 진폭은 각각 ωA와 $\omega^2 A$가 된다. 한편, 위상 관계를 보면 입자속도는 변위보다 $\pi/2$ [rad] 앞서고, 입자가속도는 변위보다 $\pi/2$ [rad] 늦어, 변위와 입자가속도는 서로 위상이 반대임을 알 수 있다. 그리고 입자속도는 외부 구동력보다 기계 임피던스의 각 θ만큼 위상이 늦다. 이것은 계의 구성요소에 의해 정해지는 기계 임피던스와 그 계에 가해지는 구동력을 알면 입자속도와 변위, 그리고 입자가속도를 구할 수 있고, 그들의 진폭과 위상 관계가 구해짐을 뜻한다.

계의 기계 임피던스를 고려해 구한 결과와 앞 절과 같이 미분방정식에 의해 구한 결과와의 비교를 위해 기계 임피던스의 크기에 대해 좀 더 상세히 고찰해 보자. 식 (2.94a)로 주어지는 **기계 임피던스의 크기** Z_m을 계가 단조화 진동할 때의 공진 각주파수 $\omega_0 = \sqrt{k/m}$와 대역폭 $\gamma = b/m$으로 나타내면 다음과 같다.

$$Z_m = \left\{b^2 + \frac{m^2}{\omega^2}\left(\omega^2 - \omega_0^2\right)\right\}^{1/2}$$

$$= \frac{m}{\omega}\sqrt{(\omega_0^2 - \omega^2)^2 + \omega^2\gamma^2} \tag{2.102}$$

이에 따라 식 (2.99)에 주어진 입자속도의 진폭은 다음과 같이 된다.

$$\frac{F_0}{Z_m} = \frac{F_0}{m}\frac{\omega}{\sqrt{(\omega_0^2 - \omega^2)^2 + \omega^2\gamma^2}} \tag{2.103}$$

그리고 식 (2.100)에 주어진 변위의 진폭은 다음과 같이 된다.

$$\frac{F_0}{\omega Z_m} = \frac{F_0}{m}\frac{1}{\sqrt{(\omega_0^2 - \omega^2)^2 + \omega^2\gamma^2}} \tag{2.104}$$

이 식의 우변은 식 (2.91)에 나타낸 변위의 진폭과 같음을 알 수 있다. 또한, 식 (2.101)에 나타낸 가속도의 진폭은 다음과 같이 된다.

$$\frac{\omega F_0}{Z_m} = \frac{F_0}{m} \frac{\omega^2}{m\sqrt{(\omega_0^2 - \omega^2)^2 + \omega^2\gamma^2}} \tag{2.105}$$

그리고 변위와 속도, 가속도의 위상 관계는 식 (2.99) ~ 식 (2.101)에 나타낸 것과 같다.

이상과 같이 정상상태에 있는 강제 진동계에 대해서는 기계 임피던스를 고려하면 외부 구동력과 변위, 속도 및 가속도의 관계를 더욱 쉽게 파악할 수 있다.

2.5.3 공진

앞 절에서 본 바와 같이 외부 구동력에 대한 응답으로 나타나는 진동의 입자속도나 변위 및 입자가속도는 구동력의 주파수 ω에 따라 달라진다. 즉, 진폭은 같으나 주파수가 다른 구동력이 가해졌을 때 응답이 다르게 나타낸다. 그것은 계를 구성하는 요소에 의한 기계 임피던스가 주파수의 함수이기 때문이다. 식 (1.3)에 나타낸 **기계계에 대한 옴의 법칙**은 다음과 같이 고쳐 쓸 수 있다.

$$u = \frac{F_{ext}}{\boldsymbol{Z}_m} \tag{2.106}$$

따라서 외부 구동력이 일정할 때 입자속도의 크기는 기계 임피던스의 크기가 최소일 때 가장 크다.

식 (2.93)에 나타낸 **기계 임피던스의 크기**는 다음과 같이 주어진다.

$$Z_m = \sqrt{b^2 + (\omega m - \frac{k}{\omega})^2} \tag{2.107}$$

이 값이 최소가 되면 같은 크기의 구동력에 대해 입자속도가 가장 빨라지는데, 이러한 상태를 **공진**(resonance)이라고 한다. 공진 시의 각주파수는 다음과 같다.

$$\omega = \sqrt{\frac{k}{m}} = \omega_0 \tag{2.108}$$

즉, **공진 주파수**에서 기계 임피던스의 크기가 최소가 된다. 이것은 외부 구동력의 주파수가 기계계 고유의 공진 주파수와 같을 때 입자속도는 최대가 됨을 나타낸다.

전기회로에서 공진 특성을 나타낼 때 **전기적 품질계수**(electric quality factor) Q_e를 사용하는데, 그것은 다음과 같이 정의된다.

$$Q_e \equiv \frac{w_0 L}{R} = \frac{1}{w_0 RC} \tag{2.109}$$

여기서 **공진 각주파수**는 $\omega_0 = 1/\sqrt{LC}$이다. 이에 상응하는 **기계적 품질계수** Q_m는 다음과 같다.

$$Q_m \equiv \frac{w_0 m}{b} = \frac{k}{w_0 b} = \frac{w_0}{\gamma} \tag{2.110}$$

이 식에서 알 수 있는 바와 같이 기계적 품질계수는 진동계의 구성이 어떻게 되어있는지에 따라 정해지며 공진 주파수와 대역폭의 비로써 주어진다. 공진 시에 기계 임피던스의 허수부인 기계 리액턴스는 $X_m = 0$가 되어, 그 때의 **기계 임피던스** Z_{m0}는 다음과 같이 된다.

$$Z_{m0} = b = m\gamma \tag{2.111}$$

따라서 이 공진 주파수에서의 응답과 다른 주파수에서의 응답의 크기를 비교하기 위해서는 이 Z_{m0}와 Z_m을 비교하면 되는데 다음과 같이 주어진다.

$$\begin{aligned} \frac{Z_{m0}}{Z_m} &= \frac{\gamma\omega}{\sqrt{(\omega_0^2 - \omega^2)^2 + \gamma^2\omega^2}} \\ &= \frac{1}{\sqrt{\frac{1}{\gamma^2\omega^2}(\omega_0^2 - \omega^2)^2 + 1}} \\ &= \frac{1}{\sqrt{Q_m^2\left(\frac{\omega_0}{\omega} - \frac{\omega}{\omega_0}\right)^2 + 1}} \end{aligned} \tag{2.112}$$

이 식에 의해 Q_m을 변화시키면서 구한 주파수에 따른 변위의 모습을 공진 주파수 ω_0에 의해 **정규화**(normalize)하여 나타내면 그림 2.16과 같다. 그림에 나타낸 것처럼

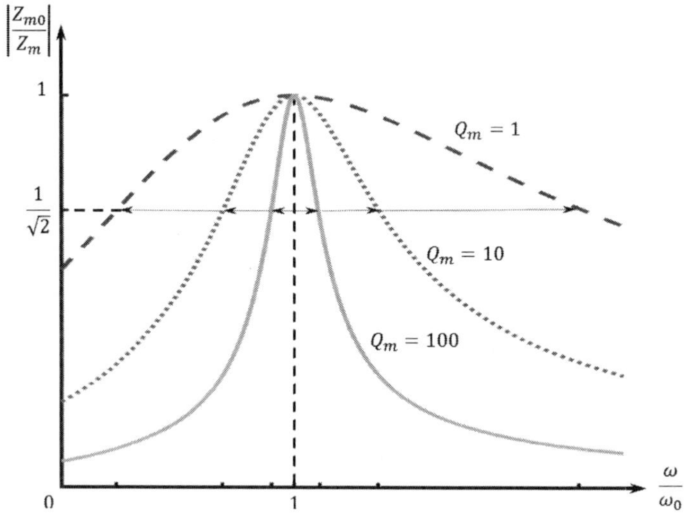

그림 2.16 기계적 품질계수에 따른 강제 진동계의 주파수 응답

기계적 품질계수 Q_m이 크면 주파수 응답의 그래프는 폭이 좁아져 첨예해지고, 작으면 넓어져 완만해진다. 각 응답 곡선에서 크기가 $1/\sqrt{2}$이 되는 주파수가 두 개 있는데 그중 낮은 주파수를 ω_L, 높은 주파수를 ω_H라고 할 때, **각주파수 대역폭** γ는 다음과 같다.

$$\gamma = \omega_H - \omega_L \tag{2.113}$$

따라서 주파수 응답 곡선으로부터 **기계적 품질계수**는 다음과 같이 구해진다.

$$Q_m = \frac{\omega_0}{\gamma} = \frac{f_0}{f_H - f_L} = \frac{f_0}{\Delta f} \tag{2.114}$$

여기서 Δf를 **주파수 대역폭**(frequency bandwidth)이라고 한다. 또한, 공진 주파수 f_0와 주파수 대역폭의 비를 나타내는 **비대역폭**(fractional bandwidth) $\%BW$를 다음과 같이 정의하여 사용하기도 한다.

$$\%BW = \frac{\Delta f}{f_0} \times 100 = \frac{1}{Q_m} \times 100\ [\%] \tag{2.115}$$

이 비대역폭은 **공진기**(resonator)나 **초음파 변환자**(ultrasound transducer) 등을 설계하는 데 있어서 자주 사용되는 파라미터이다.

2.5.4 강제 진동계의 일률

정상상태에 있는 강제 진동계가 그 상태를 계속 유지하기 위해서는 외부 구동력이 마찰력 F_d가 소모하는 에너지만큼의 일을 해야 한다. 기계계에서의 일은 벡터인 힘 $\vec{F}$와 변위 $\vec{\psi}$에 의해 다음과 같이 정의된다.

$$W = \vec{F} \cdot \vec{\psi} = F\psi\cos\theta \ [J] \tag{2.116}$$

여기서 '•'은 **벡터의 스칼라곱**을 나타내며, F와 ψ는 $\vec{F}$와 $\vec{\psi}$의 크기이고, θ는 두 벡터 간의 사잇각이다. **일률**(mechanical power)은 단위 시간당 한 일로서 단위는 [J/s]인데, 그것을 와트[W]라고 부른다. 강제 진동계에 있어서 마찰력이 한 일에 대한 **순시 일률** $P(t)$는 마찰력 $\vec{F_d}$과 변위 $\vec{\psi}$의 방향이 반대이므로 다음과 같이 주어진다.

$$P(t) = \frac{dW}{dt} = -F_d\frac{d\psi}{dt} = -F_d u = bu^2 \tag{2.117}$$

입자속도의 진폭은 식 (2.100)에 나타나 있으므로 외부 구동력에 대한 위상차를 θ라고 하면 입자속도 u는 다음과 같이 나타내어진다.

$$u = \frac{F_0}{m}\frac{\omega}{\sqrt{(\omega_0^2-\omega^2)^2+\omega^2\gamma^2}}\cos(\omega t-\theta) \tag{2.118}$$

일률은 전기계에서의 전력, 음향계에서의 음향 파워에 해당하며, 일반적으로 평균값이 사용되는데, **평균 일률**(average power) P_{av}는 다음과 같이 구해진다.

$$\begin{aligned} P_{av} &= \frac{1}{T}\int_0^T P(t)dt = \frac{1}{T}\int_0^T bu^2\,dt \\ &= \frac{F_0^2}{2b}\left[\frac{\omega^2\gamma^2}{(\omega_0^2-\omega^2)^2+\omega^2\gamma^2}\right] \end{aligned} \tag{2.119}$$

이 식에서 알 수 있는 바와 같이 평균 일률은 외부 구동력의 주파수가 계의 공진 주파수와 같을 때, 즉 $\omega = \omega_0$일 때 $F_0^2/2b$로서 최대가 된다. 그리고 $(\omega_0^2-\omega^2)^2 = \gamma^2\omega^2$일 때 그 최대전력의 반이 된다. 그 때는 다음의 식이 성립한다.

$$\gamma\omega = \pm(\omega_0^2-\omega^2) \tag{2.120}$$

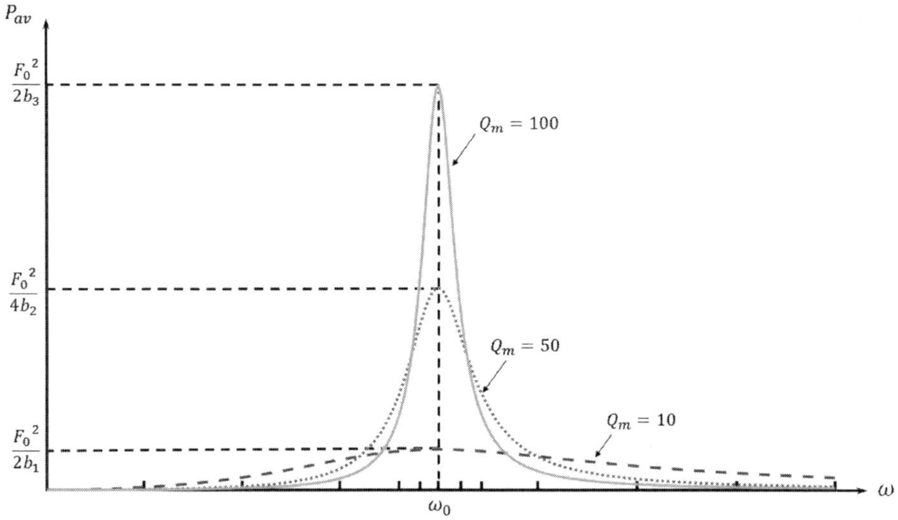

그림 2.17 기계적 품질계수에 따른평균 일률의 변화($Q_m = 10, 50, 100$)

+, − 각각에 대한 **반전력 각주파수**를 ω_L, ω_H라고 하면 다음의 식이 성립한다.

$$\gamma\omega_L = \omega_0^2 - \omega_L^2 \tag{2.121a}$$

$$\gamma\omega_H = \omega_H^2 - \omega_0^2 \tag{2.121b}$$

이 두 식으로부터 식 (2.113)이 얻어진다. 이로부터 각주파수 대역폭 $\gamma = b/m$가 두 반전력 각주파수 또는 **반전력 주파수** 간의 주파수 차이임을 알 수 있다. 그림 2.17은 몇몇 품질계수에 대해 평균 일률의 주파수에 따른 변화를 나타낸다.

CHAPTER 02 문 제

1. 질량 $m = 1.0\,\mathrm{kg}$인 물체가 용수철에 매달려 진동하고 있고, 그 곁에 길이 $\ell = 1.0\,\mathrm{m}$인 단진자가 진동하고 있다. 용수철에 매달린 물체의 진동수가 단진자보다 100배 빠를 때 용수철의 탄성 정수 k는 얼마인가? 단, 두 계 모두 감쇠는 없다.

2. 탄성 정수 $k = 10\,\mathrm{N/m}$인 용수철에 매달린 $m = 0.5\,\mathrm{kg}$의 물체가 진폭 $A = 10\,\mathrm{cm}$로 감쇠없이 진동하고 있다. 다음을 구하라.
   (a) 속도와 가속도의 진폭
   (b) $x = 0$인 평형 위치로부터 $5.0\,\mathrm{cm}$로 이동했을 때의 속도 및 가속도
   (c) 진동의 주기

3. 변위의 초기진폭이 A_1으로서 최대이고, 대역폭 $\gamma = 100\,\mathrm{Hz}$인 저감쇠 진동계가 있다. 진폭이 $0.1A_1$이 되기까지 걸리는 시간을 구하라.

4. 어떤 감쇠 진동계가 탄성 상수 $k = 50\,\mathrm{N/m}$, 질량 $m = 0.02\,\mathrm{kg}$으로 구성되어 있다. 다음을 구하라.
   (a) 시상수가 $\tau = 0.5\,\mathrm{s}$일 때 감쇠계수 b
   (b) 대역폭 γ와 기계적 기계적 품질계수 Q_m
   (c) 이 감쇠 진동계의 공진 주파수 ω_b와 감쇠가 없을 경우의 공진 주파수 ω_0와의 비
   (d) 저감쇠, 임계감쇠, 과감쇠 중 어디에 해당하는지의 판단

5. 감쇠계수 b가 매우 작은 저감쇠 진동계를 강제 진동시킨다. 외부 구동력의 주파수 ω가 다음과 같을 때 변위의 진폭이 최대가 됨을 보여라.

$$\omega = \sqrt{\omega_0^2 - \frac{1}{2}\gamma^2}$$

CHAPTER

03 탄성률, 음속 그리고 음향 임피던스

3.1 변형력과 변형률

제2장의 진동에서는 질량 m인 어떤 물체에 힘이 작용하였을 때 그 물체의 형태는 변하지 않는 상태로 운동하는 것으로 가정하였다. 그와 같은 취급에서는 물체의 형상이나 크기는 고려하지 않으므로 하나의 질점에 힘이 작용하는 경우와 같이 생각할 수 있다. 그러나 일반적인 물체는 어떤 형상과 크기를 가지고 있고 힘을 받으면 그 형상과 크기가 변한다. 아무리 큰 힘을 받아도 형태의 변화가 없는 가상적인 물체를 **강체**라고 하는데, 강체가 아닌 일반적인 물체에 늘리려거나 압축하려는 힘, 또는 비틀려는 힘 등이 가해지면 그 물체의 형태가 바뀐다. 그 물체가 고무와 실리콘 등과 같은 유연한 고체일 때 우리는 쉽게 그 현상을 관찰할 수 있다.

모든 물체는 **탄성**(elasticity)을 가지고 있으므로 힘이 작용하였다가 제거되면 본래의 모양으로 되돌아오려고 한다. 만약 힘이 제거되었을 때 그 물체가 본래의 모양으로 완전히 되돌아오면 그 물체는 탄성적이라고 말하는데, 이 때 가해진 힘은 **탄성한계**이내에 있다. 그러나 만약 힘이 탄성한계보다 커지면 물체는 본래의 형태를 회복하지 못하고 영구적으로 변형된 모양을 갖는다.

그림 3.1과 같이 단면적 A인 막대를 늘이기 위하여 양 끝에 **인장력**(tensile force) F가 그림과 같이 작용하고 있는 경우를 생각하자. 이 때 실제로 막대의 길이를 변화시키

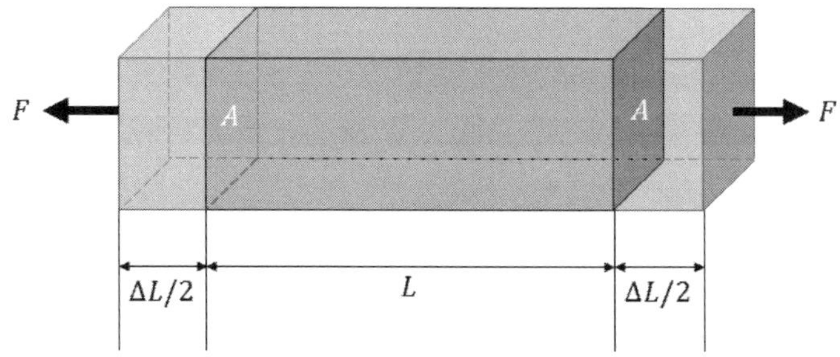

그림 3.1 힘에 의한 고체 매질의 변형

는데 기여하는 것은 F자체가 아니라, 단위 면적당의 힘인 F/A가 된다. 즉, 면적이 크면 같은 변형을 일으키기 위해 더 큰 힘이 필요하다. 이 단위 면적당의 힘을 고체에서는 **변형력**(stress)이라고 하는데, 다음과 같이 정의된다.

$$\text{변형력} = \frac{\text{작용한 힘}(F)}{\text{면적}(A)} \ [\mathrm{N/m^2}] \tag{3.1}$$

유체에서는 변형력을 **압력**(pressure)이라고 하고, 그 단위로서 $[\mathrm{N/m^2}]$ 대신에 파스칼 [Pa]을 주로 사용한다.

어떤 물체에 변형력이 작용하여 크기가 변할 때 얼마만큼 변했느냐는 그 물체의 원래 크기에 따라 다르다. 따라서 원래의 크기에 대한 변화된 크기의 비율로 그 변화 정도를 나타내는데, 그것을 **변형률**(strain)이라고 한다. 즉, 변형률은 다음과 같이 정의된다.

$$\text{변형률} = \frac{\text{변화된 크기}}{\text{원래의 크기}} \tag{3.2}$$

이처럼 변형률은 단지 비율을 나타내므로 차원이 없다.

3.2 탄성률

물체가 탄성한계 내의 변형력을 받을 때 얼마만큼 변형이 일어나느냐는 그 물체를 구성하는 물질의 **탄성률**(elastic modulus)에 따라 달라진다. 탄성률은 물질 고유의 상수로서 다음과 같이 정의된다.

$$\text{탄성률} = \frac{\text{변형력(stress)}}{\text{변형률(strain)}} \tag{3.3}$$

변형률이 차원이 없으므로 모든 탄성률의 단위는 변형력과 동일하게 $[N/m^2] = [Pa]$이며, 그 값이 클수록 같은 변형을 일으키는데 더 큰 변형력이 필요하다. 등방성인 일반적인 물질에서는 길이 변화, 층밀리기 변화, 그리고 부피 변화에 대해 각각 다음과 같은 탄성률이 정의되어 있다.

(1) 길이 변화: 영률

막대 또는 봉에 있어서 길이를 변화시키려는 인장력이 작용했을 때의 길이 변화에 대한 탄성률을 **영률**(Young's modulus) E라고 하는데, 그것은 다음과 같이 정의된다.

$$\text{영률} : E = \frac{F/A}{\Delta L/L_0} \tag{3.4}$$

여기서, L_0는 원래의 길이이며, ΔL은 변화된 길이이다. 그림 3.2에서 알 수 있는 바와 같이 F는 막대 또는 봉의 단면적 A에 수직으로 작용하는 힘이다. 길이가 변화하면 두께 방향으로도 다소의 변화가 생겨 면적이 달라지나, 영률을 구하는 데는 그 변화를 무시한다.

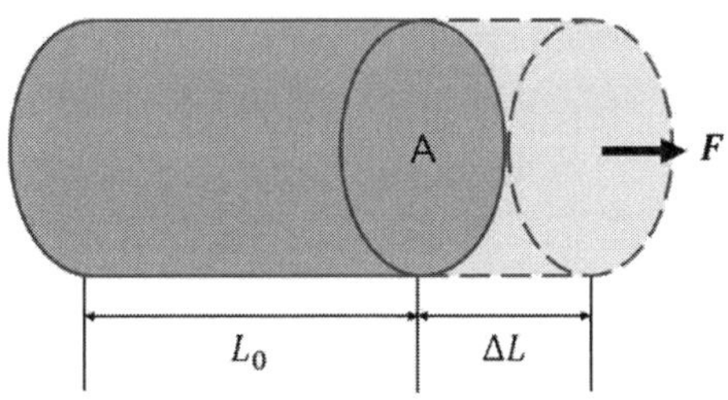

그림 3.2 고체 봉의 길이 변형

예제 3.1 지름은 2.0 cm이고, 원래의 길이가 20 m인 강철 케이블이 있다. 이 케이블에 1.0 ton의 하중이 걸렸을 때 늘어나는 길이를 구하라. 단, 강철의 영률은 $2.1 \times 10^{11}\ N/m^2$이다.

(2) 층밀리기 변화: 층밀리기 탄성률

그림 3.3과 같이 입방체의 윗면에 수평 방향의 힘을 받고 있고, 아랫면은 고정이 되어있는 경우를 생각하자. 이 때 그 입방체는 그림과 같이 기울어지는 층밀리기 변형이 생길 것이다. 이러한 변화에 대한 탄성률은 **층밀리기 탄성률**(shear modulus) S라고 하며 다음과 같이 정의된다.

$$\text{층밀리기 탄성률 : } S = \frac{F/A}{\Delta x/h} \tag{3.5}$$

여기서 F는 입방체 상부 단면 A에 수평으로 작용하는 힘이다. h는 원래의 높이이고, Δx는 그 높이에서의 x방향 변화량이다. 이 때도 영률의 산출에서와 마찬가지로 층밀리기가 생기면 높이 방향으로도 다소의 변화가 생겨나, 층밀리기 탄성률을 구하는 데는 그 변화를 무시한다.

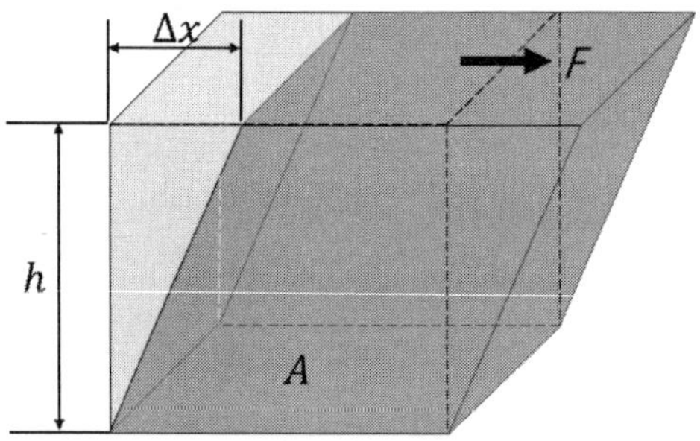

그림 3.3 고체의 층밀리기 변형

(3) 부피 변화: 부피 탄성률

그림 3.4와 같이 균일한 크기의 압력이 물체의 전체 표면에 수직으로 작용하고 있는 경우를 생각하자. 그것은 공기 중에서의 풍선이나 물속에 잠겨 가만히 있는 구 모양의 물체를 떠올리면 된다. 그와 같이 유체 내에 잠겨 있는 물체는 모든 표면에 같은 크기의 힘을 받게 되어 부피가 줄어든다. 이와 같은 부피 변화에 대한 탄성률을 **부피 탄성률**(bulk modulus) β이라고 하며, 다음과 같이 정의된다.

$$\text{부피 탄성률 : } \beta = \frac{-\Delta F/A}{\Delta V/V_0} = \frac{-\Delta P}{\Delta V/V_0} \tag{3.6}$$

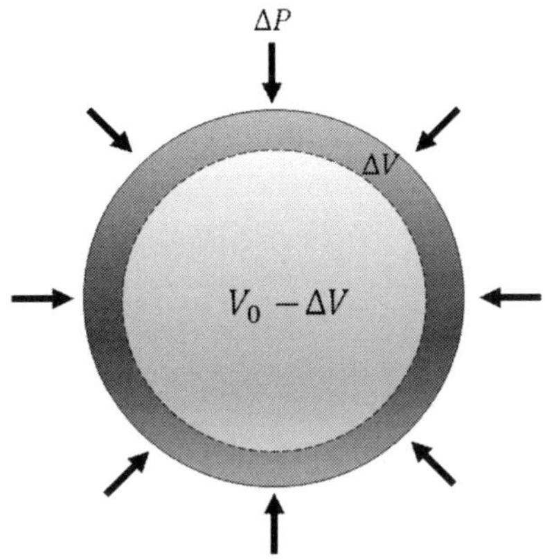

그림 3.4 압력에 의한 부피 변형

여기서 ΔP 는 그 물체가 원래의 상태일 때 받고 있던 압력과 음파 등에 의해 변화된 후의 압력과의 차이를 나타내는 것으로서, 원래의 상태에서의 압력, 즉 정압 P_0(부피 V_0)와 나중 상태에서의 압력 P(부피 V)와의 차이 $\Delta P = P - P_0$ 이다. 음(-)의 부호는 기체의 압력이 증가하면 부피가 줄어듦을 나타낸다.

표 3.1에 몇 가지 물질에 대한 영률, 층밀리기 탄성률, 부피 탄성률을 밀도와 함께 제시하였다.

표 3.1 여러 가지 물질의 탄성률 및 밀도

물질명	영률 ($\times 10^9$ [N/m^2])	층밀리기 탄성률 ($\times 10^9$ [N/m^2])	부피 탄성률 ($\times 10^9$ [N/m^2])	밀도 [kg/m^3]
텅스텐	350	140	200	19250
강철	211	82	170	8000
구리	110	42	140	8920
알루미늄	70	26	76	2700
납	16	5.6	46	11300
석영	73	26	27	2200
수은	–	–	28	13600
물	–	–	2.1	1000
공기	–	–	101×10^{-6} *	1.2

* 공기의 부피 탄성률은 등온변화에 대해서는 대기압에 해당하여 약 10^5 [Pa]임.

예제 3.2 1 기압(atm)의 대기 중에서 지름이 40 cm인 어떤 구형의 물체가 있다. 그것을 11기압인 100 m 물속에 넣었을 때의 지름을 구하라. 단, 그 물체는 깨어지지 않고 압축되는 것으로 가정하며, 부피 탄성률은 2.1×10^9 N/m^{2}이고, 1기압은 1.01×10^5 Pa로 둔다.

(4) 스티프니스와 컴플라이언스

식 3.3에서 알 수 있는 바와 같이 변형력은 탄성률과 변형률의 곱이다. 이것은 탄성체에서 생기는 변형의 정도는 변형력에 비례함을 나타낸다. 위에서 길이, 층밀리기, 부피 변형에 대해서 그 탄성률을 정의하였지만, 3차원의 형상을 갖는 일반적인 벌크 물체에 임의의 방향으로 외력이 작용하면 그러한 변화들이 복합적으로 일어날 수 있다. 예로서, 입방체 형태의 벌크 물체에 대해 생각하면 상부 면에 경사지게 힘이 작용하면 제 1장의 서론에서도 논의한 바와 같이 x, y, z 각 축 방향에 대한 길이 변화와 더불어 그 각 방향에 대한 층밀리기 변화가 동시에 생길 수 있다. 이와 같은 여러 가지 변형이 동반되는 벌크의 고체에 있어서 변형력과 변형률 사이의 비례상수에 해당하는 탄성률의 일반적인 명칭은 **스티프니스**(stiffness) 또는 **강성률**이다. 그리고 이 스티프니스의 역수를 **컴플라이언스**(compliance) 또는 **연성률**이라고 부른다.

식 (3.3)을 스티프니스와 컴플라이언스로 나타내어 보자. 변형력을 $\boldsymbol{T}$, 변형을 $\boldsymbol{S}$, 스티프니스를 $\boldsymbol{C}$, 컴플라이언스를 $\boldsymbol{G}$로 각각 나타내면 다음의 관계가 성립한다.

$$\boldsymbol{T} = \boldsymbol{C} : \boldsymbol{S} \tag{3.7a}$$

$$\boldsymbol{S} = \boldsymbol{G} : \boldsymbol{T} \tag{3.7b}$$

여기서 $\boldsymbol{C} = 1/\boldsymbol{G}$ 의 관계에 있고, ':'는 **텐서**(tensor)의 곱을 나타낸다. 스티프니스는 탄성률과 같으므로 [N/m^2]의 단위를 가지며, 컴플라이언스는 [m^2/N]의 단위를 가진다. 벌크체에 대한 변형력과 변형의 관계를 구하기 위해서는 스티프니스 또는 컴플라이언스가 x, y, z 각 단면에 있어서의 변형력에 대해 x, y, z 각 방향으로의 길이 변형과 층밀리기 변형에 대한 모든 관계를 나타내는 상수가 되어야 하므로 대단히 복잡하여 6×6의 인자를 갖는 행렬로 표시된다. 그에 따라 식 (3.7a)과 식 (3.7b)는 4차 텐서의 연산이 된다. 이에 관해 관심이 있는 독자는 참고문헌 [3]을 참조 바란다.

3.3 탄성률과 음속

음파는 탄성이 있는 매질을 따라서 전파하는 파동이다. 따라서 **탄성파**(elastic wave)라고도 한다. 일반적으로 탄성파의 전파 속력은 그 매질의 탄성률(일반적으로 스티프니스)과 밀도에 의해 다음과 같이 결정된다.

$$\text{탄성파 속력} = \sqrt{\frac{\text{탄성률}}{\text{부피밀도}}} = \sqrt{\frac{\text{스티프니스}}{\text{부피밀도}}} \tag{3.8}$$

이에 따라, 제4장에서 기술하는 바와 같이 유체 속을 전파하는 파와 고체 봉의 축을 따라 전파하는 파의 속력은 각각 다음과 같이 주어진다.

$$\text{유체} : c = \sqrt{\frac{\beta}{\rho}} \tag{3.9}$$

$$\text{고체 봉} : c = \sqrt{\frac{E}{\rho}} \tag{3.10}$$

여기서 β와 E는 부피 탄성률과 영률이며, ρ는 부피 밀도이다. 한편, 줄을 따라 전파하는 파동의 경우는 밀도가 **선밀도**(line density) $\mu\,[\mathrm{kg/m}]$로 주어지므로 단위가 $[\mathrm{N/m^2}]$인 탄성률 대신에 m^2이 곱해진 힘 즉, 장력이 분자에 들어간다. 즉, 다음과 같이 주어진다.

$$\text{줄} : c = \sqrt{\frac{T}{\mu}} \tag{3.11}$$

이다. 여기서 T가 줄에 걸린 장력이다.

음파는 주로 공기나 물 등 유체를 통하여 전파하는 파동을 말한다. 따라서 음파의 전파 속력, 즉 **음속**(sound speed)은 식 (3.9)에 의해 주어진다. 그런데, 유체, 특히 기체의 경우 압축력이나 팽창력이 작용할 때 그 기체의 내부 온도가 변하느냐 변하지 않느냐에 따라 변형의 결과가 달라진다. 따라서 식 (3.9)의 부피 탄성률 β가 변형이 일어나는 동안의 기체의 상태에 따라 달라지는데 이하에서는 그와 관련하여 구체적으로 설명한다.

이상기체의 상태방정식은 다음과 같이 주어진다.

$$PV = nRT \tag{3.12}$$

여기서, $n=$ 몰수, $R=$기체상수, $T=$ 온도이다. 압력을 받아 생기는 기체의 부피 변화가 기체 온도는 변화시키지 않고 일정하게 유지되는 **등온과정**(isothermal process)을 통한 상태변화라면 위 식은 다음과 같은 **보일의 법칙**(Boyle's law)이 된다.

$$PV = const. \tag{3.13}$$

즉, 압력 P가 증가하면 부피 V가 감소하는 일차적인 반비례 관계에 있다. 한편, 기체가 외부와 열의 이동이 차단되어 있어 내부의 온도가 변하는 **단열과정**(adiabatic process)을 통한 상태변화라면 **기체의 상태방정식**은 다음과 같이 된다.

$$PV^{\gamma} = const. \tag{3.14}$$

여기서 γ는 **정압비열** C_P과 **정적비열** C_V의 비인 **비열비**(specific heat ratio)이다. 이 비열비는 기체의 종류에 따라 다음과 같이 된다.

$\gamma = C_P/C_V$: 1원자 분자 원소(He, Ne, Ar, etc.) ≈ 1.67

2원자 분자 원소(H_2, N_2, O_2, air, etc.) ≈ 1.4

3원자 분자 원소(CO_2, H_2O, etc.) ≈ 1.3

식 (3.13)을 전미분하면 다음과 같다.

$$d(PV) = VdP + PdV = 0 \tag{3.15a}$$

$$P = -\frac{dP}{dV/V} \equiv \beta_T \tag{3.15b}$$

즉, 정적 상태의 압력 P가 부피 탄성률과 같아진다. 이 때의 부피 탄성률은 **등온 부피 탄성률**(isothermal bulk modulus) β_T이다.

한편, 식 (3.14)을 전미분하면 다음과 같다.

$$d(PV^{\gamma}) = V^{\gamma}dP + \gamma PV^{\gamma-1}dV = 0 \tag{3.16a}$$

$$\gamma P = -\frac{dP}{dV/V} \equiv \beta_S \tag{3.16b}$$

이 때의 부피 탄성률은 **단열 부피 탄성률**(adiabatic bulk modulus) β_S이다.

대기 중에서 음파가 전파되는 경우 대기압이 P에 해당하고, 음파에 의한 압력, 즉 음압이 dP에 해당한다. 이에 따라 음파가 전파하는 동안 공기가 등온 상태라면 20 ℃에서 공기 밀도가 약 1.20 kg/m^{3}이므로 음속은 다음과 같이 구해진다.

$$c = \sqrt{\frac{\beta_T}{\rho}} = \sqrt{\frac{1.01 \times 10^5\,[\mathrm{Pa}]}{1.20\,[\mathrm{kg/m^3}]}} = 290\,[\mathrm{m/s}] \tag{3.17}$$

그리고 만약 단열 상태라면 다음과 같이 구해진다.

$$c = \sqrt{\frac{\beta_S}{\rho}} = \sqrt{\frac{1.4 \times 1.01 \times 10^5\,[\mathrm{Pa}]}{1.20\,[\mathrm{kg/m^3}]}} = 343\,[\mathrm{m/s}] \tag{3.18}$$

공기 중의 음속의 측정결과는 온도 T[℃]에 따라 다음과 같이 나타남이 밝혀져 있다.

$$c = 331 + 0.6\,T \tag{3.19}$$

따라서 20 ℃에서는 343 m/s가 되어 단열 상태의 값과 정확히 일치한다. 이로부터 음파의 전파에 따른 기체의 상태변화는 **라플라스**(Laplace)나 **포아송**(Poisson) 등의 학자들이 주장한 바와 같이 단열과정에 의한 변화임이 밝혀졌다.

나아가 체적변화와 밀도변화와의 관계에 대해 고찰해 보자. **질량 보존의 법칙**은 다음과 같다.

$$\rho V = const. \tag{3.20}$$

이 식의 양변을 전미분하면 다음 식이 얻어진다.

$$\frac{d\rho}{\rho} = -\frac{dV}{V} \tag{3.21}$$

이 식은 체적변화율과 밀도변화율은 크기가 같으며, 체적이 증가하면 밀도가 감소함을 나타낸다. 그리고 식 (3.6)과 (3.21)에 의해 음압 $p = \Delta P$는 다음과 같이 나타내어진다.

$$p = \beta\frac{d\rho}{\rho} = \beta s \tag{3.22}$$

단, $s = d\rho/\rho$

여기서 s를 **압축률**(condensation)이라고 한다. 공기 중 가청음에 의한 압축률은 $10^{-10} \sim 10^{-4}$ 정도에 지나지 않는다. 이로부터 음파에 의한 공기의 밀도 변화율 또는 부피 변화율은 대단히 작은 것을 알 수 있다.

3.4 음향 특성 임피던스

3.4.1 특성 임피던스의 정의

앞에서 언급한 것처럼 전기계에 있어서 전압과 전류의 관계를 연결짓는 파라미터가 전기 임피던스인데, 그것은 소자나 회로의 전류 흐름에 대한 저항성을 나타낸다. 전류가 흐르는 도중에 임피던스가 다른 소자를 만나면 전류의 일부는 반사하고 일부는 통과해 간다. 그와 마찬가지로 어떤 매질 속을 전파해 가던 파동이 다른 매질과 만나면 그 경계면에서 에너지의 일부는 반사되고 일부는 투과한다. 파동의 전파에 있어서 매질이 다르다는 것은 **특성 임피던스**(characteristic impedance)가 다른 것을 말한다. 이하에서는 줄과 유체 매질에서의 파동의 전파와 관련한 특성 임피던스를 전기 임피던스와 관련지어 설명한다.

전기 임피던스 Z_e는 소자 또는 회로에 걸린 전압과 전류의 비로써 다음과 같이 주어진다.

$$Z_e = \frac{V}{I} \tag{3.23}$$

식 (2.89)에 나타낸 것처럼 Z_e는 일반적으로 복소수로서 실수 성분이 저항 R이고 허수 성분이 리액턴스 X_e이다. 저항만 있는 직류회로에서는 $X_e = 0$이므로 전류와 전압 간의 위상차가 없으나, 교류회로에서는 일반적으로 그 값이 존재한다. 기계적 진동이나 음파에 있어서도 식 (1.3)과 식 (1.4)에 나타낸 것처럼 전기와 유사하게 임피던스 개념을 사용하는데, **기계 임피던스는 구동력과 입자속도의 비, 음향 임피던스는 음압과 입자속도의 비**로써 다음과 같이 정의된다.

$$\text{기계 임피던스 : } Z_m = \frac{F}{u} \tag{3.24}$$

$$\text{음향 임피던스 : } Z_a = \frac{p}{u} \tag{3.25}$$

이러한 기계 임피던스나 음향 임피던스도 전기 임피던스와 마찬가지로 일반적으로 복소수이다. 그러나 전기에서의 직류회로와 같이 힘과 입자속도 또는 음압과 입자속도 사이에 위상차가 없어 허수 성분이 0인 경우에는 실수가 된다. 그 때의 임피던스를 특별히

기계 특성 임피던스(mechanical characteristic impedance) 및 **음향 특성 임피던스**(acoustic characteristic impedance)라고 한다.

3.4.2 줄에서의 특성 임피던스

그림 3.5와 같이 무한 길이를 갖는 줄의 왼쪽 끝에 수직 방향으로 구동력을 가하여 진동시키는 경우를 생각하자. 구동 지점($x=0$)에서 줄을 아래로 당기는 구동력 F_{dr}은 줄의 장력 T와 다음의 관계에 있다.

$$F_{dr} = -T\sin\theta \tag{3.26}$$

이 식은 θ가 작을 때 $\sin\theta \approx \tan\theta$이므로 다음과 같이 나타내어진다.

$$F_{dr} = -T\left(\frac{\partial\psi}{\partial x}\right)_{x=0} \tag{3.27}$$

여기서 후술하는 식 (4.146)의 진행파 방정식과 식 (3.11)에 나타낸 줄에서의 전파 속력 $c=\sqrt{T/\mu}$을 고려하면 다음과 같이 된다.

$$F_{dr} = \frac{T}{c}\left(\frac{\partial\psi}{\partial t}\right)_{x=0} = \mu c\left(\frac{\partial\psi}{\partial t}\right)_{x=0} \tag{3.28}$$

$\partial\psi/\partial t$가 입자속도이므로 식 (3.25a)에 따른 기계 임피던스는 다음과 같이 주어진다.

$$Z_m = \mu c \ [\text{kg/s}] \tag{3.29}$$

이것이 **줄에서의 특성 임피던스**이다. 이 특성 임피던스는 발생하는 파동의 형태와는 무관한 매질 고유의 특성으로서, 줄의 선밀도 μ와 파동의 전파 속력 c의 곱에 의해 정해진다.

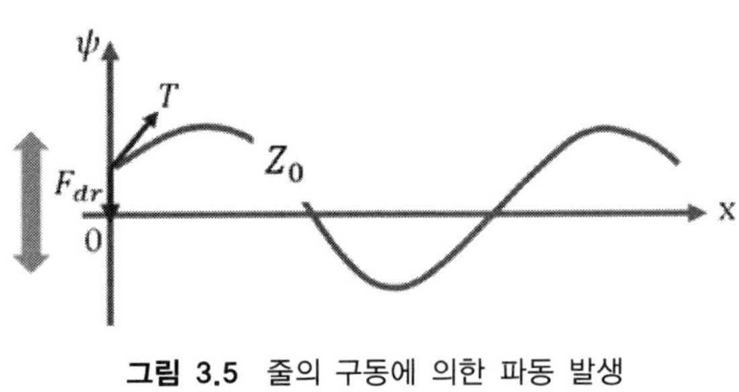

그림 3.5 줄의 구동에 의한 파동 발생

3.4.3 유체에서의 음향 특성 임피던스

유체 속에서 $+x$ 방향으로 전파하는 일차원 평면 진행파에서의 음압 p는 식 (2.38) 및 식 (3.6)에 나타낸 부피 탄성률의 정의식에서 부피 변화율 대신에 길이 변화율로 나타낼 수 있으므로 다음과 같이 주어진다.

$$p = -\beta\left(\frac{\partial\psi}{\partial x}\right) \tag{3.30}$$

여기서 p는 식 (2.38) 및 식 (3.6)에서의 ΔP인 음압이다. 위 식에 후술하는 식 (4.146)의 진행파 방정식과 식 (3.9)에 나타낸 유체에서의 음속 $c = \sqrt{\beta/\rho}$를 대입하면 다음과 같이 된다.

$$p = \frac{\beta}{c}\left(\frac{\partial\psi}{\partial t}\right) = \rho c\left(\frac{\partial\psi}{\partial t}\right) \tag{3.31}$$

따라서 식 (3.25b)에 따른 특성 임피던스는 다음과 같다.

$$Z_a = \rho c \tag{3.32}$$

이것이 **유체에서의 음향 특성 임피던스**다. 음향 특성 임피던스 Z_a의 단위 $[\mathrm{kg/m^2 \cdot s}]$는 정의식에 따라 $[\mathrm{Pa \cdot s/m}]$로도 나타낼 수 있는데, 이것을 특별히 **레일**[Rayl]이라고 부른다. 이에 따라 공기 중에서는 $Z_a \approx 400\,\mathrm{Rayl}$, 물에서는 $Z_a \approx 1.5\,\mathrm{MRayl}$이 된다.

CHAPTER 03 문 제

1. 선밀도 $\mu = 0.01\ \mathrm{kg/m}$ 인 줄에 장력 $T = 200\ \mathrm{N}$ 이 걸려 있다. 이 줄에서의 음속과 특성 임피던스는 얼마인가?

2. 물에서 온도에 따른 음속 변화를 나타내는 식을 조사하여 제시하라.

3. 일반적으로 상온에서 물의 음속을 $c = 1500\ \mathrm{m/s}$ 로 둔다. 이로부터 물의 단열 부피 탄성률 β_S 와 등온 부피 탄성률 β_T 를 추정하라.

4. 공기 중에서 어떤 방향으로의 두께가 $d = 2.0\ \mathrm{mm}$ 인 벌크체가 있다. 그 방향으로의 스티프니스가 $C = 2.0 \times 10^{12}\ \mathrm{N/m^2}$ 이다. 이 물체를 100 m 물속에 넣으면 두께는 얼마나 작아지는가?

5. 고체인 구리, 알루미늄, 석영 및 인체의 연조직(soft tissue)과 경조직(hard tissue)에 대한 음속과 음향 특성 임피던스를 조사하여 값을 제시하라.

CHAPTER 04

파 동

4.1 평면 진행파

어떤 물체가 공기나 물 등의 매질 내에서 떨고 있다고 생각하자. 그러면 그 매질도 같이 떨리어 매질 입자에 변위가 발생하고, 그에 따라 그 부분의 압력도 떨림이 없는 평형 상태와는 달라질 것이다. 그와 같은 떨림 또는 **교란**(disturbance)은 매질을 따라 전파해 가는데, 그러한 현상을 **파동**(wave)이라고 한다. 파동은 고요한 호수에서 수면을 타고 전달되는 파문과 같이 한 지점에서 다른 지점으로 이동하는데, 그것은 어떤 한 지점에서 생긴 변위나 압력 변화가 시간이 지나면 다른 지점에 나타나게 됨을 뜻한다. 이 때 전달되는 속력은 매질이 무엇이냐에 따라 달라진다. 또한, 매질 내에서 음향에너지 감쇠가 있을 때 다른 지점에서의 변위나 압력의 파형은 원래의 파형과 달라지기도 한다. 그러나 이 절에서는 먼저 가장 일반적이고 단순한 경우에 해당하는 정현 파동을 대상으로 감쇠 없이 전달될 때 그 특성과 수학적 표현에 관해 기술한다.

제2장에서 배운 진동은 임의의 한 지점에서 변위가 시간에 따라 어떻게 변하는가를 나타내는 시간만의 함수이다. 그러나 파동은 그 변위가 전파되므로 위치에 따라서도 다른 값을 갖는다. 즉, 시간뿐만 아니라 위치의 함수가 된다. 그래서 x방향으로 전파되는 경우 변위는 $\psi(x,t)$로 나타내어진다. 그림 4.1은 $x=0$ 에서 $t=0$ 때 생긴 펄스파가 감쇠가 없는 매질 속에서 일정 속력 $c=\Delta x/\Delta t$로 전파해 나가는 모습을 나타낸다. $x=x_1$ 지

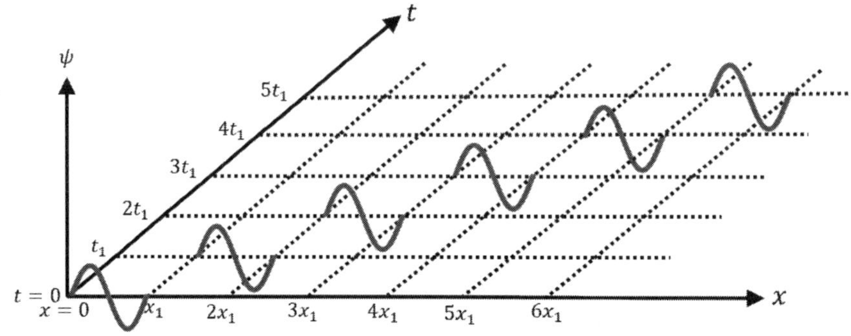

그림 4.1 펄스 파동의 전파

점에서는 $t_1 = x_1/c$ 시간이 지난 후에 $x = 0$ 에서와 같은 진동을 하게 될 것이다. 다른 지점에서도 각각 일정 시간이 지난 후에 같은 진동을 하게 된다. 즉, 그 파가 도달하기까지의 시간 지연은 있지만 도달한 후에는 같은 진동을 한다. 같은 진동이란 진폭과 위상이 같은 것을 말한다.

파동에서는 위상이 동일한 면을 **파면**(wave front)이라고 한다. 큰 평판이 진동할 때 그 중심 부근에서는 평면의 파면을 갖는 파동이 만들어지는데 그것을 **평면파**(plane wave)라고 부른다. 그리고 어떤 한 방향으로 전파해 나가는 파동을 **진행파**(traveling wave)라고 한다. 파동에 대한 수학적 표현은 기초적으로 **평면 진행파**를 대상으로 한다.

평면 진행파의 변위를 나타내는 식은 진동에서의 변위를 나타내는 식에 위치에 따른 변화를 포함시키면 된다. 즉, $+x$방향으로 전파하는 단조화 평면 진행파의 변위를 나타내는 일반식은 삼각함수에 의해 다음과 같이 나타낼 수 있다.

$$\psi(x,t) = A\sin(\omega t - kx + \phi) \tag{4.1a}$$

$$\psi(x,t) = A\cos(\omega t - kx + \phi) \tag{4.1b}$$

여기서 A와 ϕ는 진동에서와 마찬가지로 각각 **진폭**과 **초기 위상**이다. 이 초기 위상은 $t = 0$, $x = 0$ 에서의 위상각이다.

그림 4.2(a)는 $t = 0$에서의 단조화 파형이 Δt시간 후에 어떻게 되는가를 나타내는 전파 모습이다. 그림 4.2(b)는 어떤 한 지점에서 시간에 따른 변위의 모습을 나타내는 파형이고, 그림 4.2(c)는 그 파형이 전파되고 있는 공간에서 임의의 시각에 위치에 따른 변위의 모습을 나타내는 파형이다. 그림 4.2(a)에 나타낸 파동의 경우 식 (4.1a)로 나타내

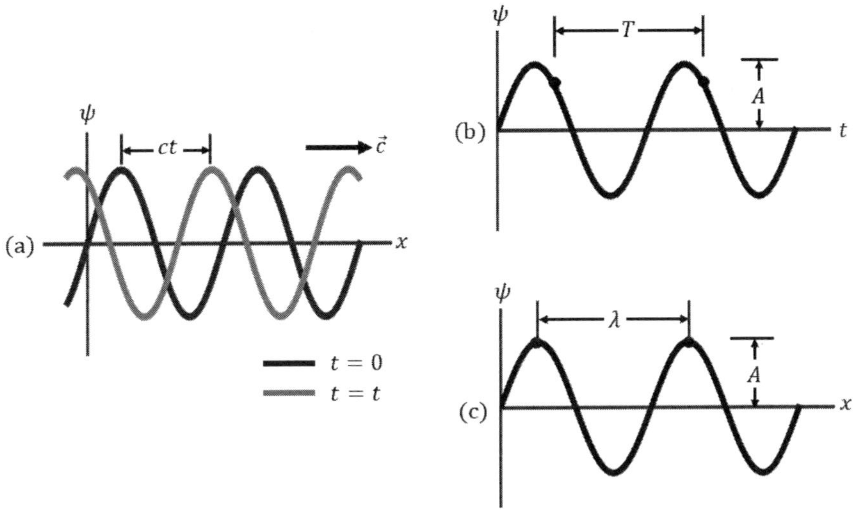

그림 4.2 파동의 표현

면 $\phi = 0$가 되고, 식 (4.1b)로 나타내면 $\phi = -\pi/2$가 된다. 따라서 어떤 식으로 나타내었는지에 상관없이 다음과 같이 된다.

$$\psi(x,t) = A\sin(\omega t - kx) \tag{4.2}$$

식 4.1(a)와 식 4.1(b)는 후술하는 파동방정식의 일반해에 해당하는데, 제 2장에서 배운 단조화 진동의 변위를 나타내는 식 (2.7)에 위치에 따른 각도 변화 $-kx$가 추가된 것에 지나지 않는다. 그리고 식 (4.2)는 식 (4.1)의 두 식이 $t=0$에 대한 초기 조건과 $x=0$에 대한 경계조건을 동시에 만족시킬 때의 특수해에 해당한다.

제2장에서 기술한 바와 같이 시간 축에서 동일한 위상이 한번 반복하는데 걸리는 시간은 **주기** T라고 하는 데 대해, 위치상으로 동일한 위상이 반복되는 거리를 **파장**(wave length)이라고 하고 λ로 나타낸다. 즉, 위치상 거리 차가 λ가 되면 위상이 $2\pi[rad]$ 변한다. 따라서, 위의 식 중의 kx에 대해 x대신에 λ를 대입한 $k\lambda = 2\pi$이다.

$$k = \frac{2\pi}{\lambda}\ [m^{-1}] \tag{4.3}$$

이 k를 **파수**(wave number)라고 한다. 각주파수 ω가 시간 t를 각도로 변환시키는 파라미터인 것처럼, 파수 k는 거리 x를 각도로 변환시키는 파라미터로서, kx는 각도 [rad]가 된다.

여기서 다음과 같이 위상각 $(\omega t - kx)$가 일정한 경우를 생각하자.

$$\omega t - kx = const. \tag{4.4}$$

이 식의 양변을 미분하면 다음과 같아진다.

$$\omega dt = kdx \tag{4.5}$$

$$\frac{dx}{dt} = \frac{\omega}{k} \equiv v_p \tag{4.6}$$

이 v_p가 $+x$방향으로 전파하는 파의 **위상속도**(phase velocity)이다. $-x$방향으로 전파하는 파의 위상속도는 $-\omega/k$가 된다. 즉, 위상속도는 벡터로서 방향에 따라 부호가 달라진다. 이 개념을 사용할 때는 파수 k도 벡터가 되어, x의 반대 방향으로 전파할 때는 '−'를 붙여야 한다. **위상속도의 크기가 전파 속력, 즉 음속** c로서, $|v_p| = c$이다. 이것은 파동의 전파 속력으로, 매질 입자의 운동속도인 입자속도와는 전혀 다름에 주의하라.

파수 벡터의 크기 k는 식 (4.6)에서 다음과 같이 주어진다.

$$k = \frac{\omega}{c} = \frac{2\pi f}{c} \tag{4.7}$$

이 식과 식 (4.3)으로부터 다음의 관계가 얻어진다.

$$c = f\lambda \tag{4.8}$$

한편, $-x$방향으로 전파하는 파의 변위는 임의의 $-x$지점에서의 위상이 $x=0$보다 더 앞서 있으므로 식 (4.1a)와 식 (4.1b)의 x대신에 $-x$를 대입해야 한다. 즉, 다음과 같이 주어진다.

$$\psi(x,t) = A\sin(\omega t + kx + \phi) \tag{4.9a}$$

$$\psi(x,t) = A\cos(\omega t + kx + \phi) \tag{4.9b}$$

앞에서 언급한 바와 같이 변위를 나타내는 데는 이 두 식 중 어떤 것을 써도 초기조건과 경계조건을 동시에 만족하는 특수해는 같아진다. 즉, 일반해는 사인이나 코사인 중 어떤 것으로 써도 좋으므로 이후의 기술에 있어서 $\pm x$방향으로 전파하는 파동의 변위를 나타내는 일반식으로써 코사인에 의한 다음의 식을 사용하기로 한다.

$$\psi(x,t) = A\cos(\omega t \mp kx + \phi) \tag{4.10}$$

삼각함수로 표현된 이 식은 제2장의 식 (2.15)와 식 (2.16)에서 기술한 것처럼 다음과 같이 복소 지수함수로도 나타낼 수 있다.

$$\psi(x,t) = Re\left[\boldsymbol{A}\, e^{j(\omega t \mp kx)}\right] \tag{4.11}$$

$$단,\ \boldsymbol{A} = Ae^{j\phi} = A\angle\phi$$

나아가, 이후부터는 복소 지수함수로 표현된 변위나 압력 등의 표현에 대해서 실제 모습을 나타낼 때는 항상 실수부를 택하는 것으로 묵시적으로 정하고, Re를 생략하기로 한다. 그러면 진행파의 변위는 다음과 같이 나타내어진다.

$$\psi(x,t) = \boldsymbol{A}\, e^{j(\omega t \mp kx)} \tag{4.12}$$

위의 식 (4.10)과 식 (4.12)는 각각 제4.5절에 기술되어 있는 파동방정식의 일반해를 각각 실수 및 복소수로 나타낸 파동의 전형적인 표현이다.

4.2 음향 파워, 음향 강도 및 음향 에너지

4.2.1 음향 파워

음향 파워(acoustic power)란 기계계에서의 일률, 전기계에서의 전력에 해당하는 것으로 단위 시간당 발생하거나 전달되는 음향 에너지이다. 모든 파워의 단위는 [J/s]인데, 그것을 와트[W]라고 한다. 일률은 일을 시간으로 나눈 값이기 때문에 힘과 입자속도의 곱으로 주어지며, 전력은 전압과 전류의 곱으로 주어진다. 그것들은 제1.3절에 기술한 바와 같이 각 계의 기본적인 물리량이다. 힘과 입자속도, 전압과 전류가 시간에 따라 변할 때 그 두 곱은 특정 시간에서의 값을 나타내므로 **순시 파워**(instantaneous power)라고 한다. 음향학에서 음향 파워는 주로 음원(예를 들면 스피커)에서 방사되는 단위 시간당의 에너지를 말한다. 음원이 얇은 판이라면 그 판에 가해진 힘인 구동력과 판의 진동에 따른 입자속도의 곱이 음향 파워이다. 따라서 음향계의 가장 기본적인 물리량인 음압과 입자속도의 곱이 아님에 주의해야 한다.

구동력 $F = F_0 \cos\omega t$에 의해 정현적으로 진동하고 있는 진동판의 순시 파워는 식 (2.93)을 고려하면 정상상태에서 다음과 같다.

$$P_i = Fu = \left(F_0^2/Z_m\right)\cos\omega t \cos(\omega t - \theta) \tag{4.13}$$

일반적으로 파워란 순시 파워가 아닌 **평균 파워**(averge power)를 말하는데 주기파의 경우 그것은 한주기 평균에 해당하므로 다음과 같이 구해진다.

$$P_{av} = \frac{1}{T}\int_0^T P_i\, dt \tag{4.14}$$

위 식에 식 (4.13)을 대입하면 다음과 같이 전개된다.

$$\begin{aligned} P_{av} &= \frac{F_0^2}{Z_m T}\int_0^T \cos\omega t \cos(\omega t - \theta)\, dt \\ &= \frac{F_0^2}{Z_m T}\int_0^T \left(\cos^2\omega t \cos\theta + \cos\omega t \sin\omega t \sin\theta\right) dt \\ &= \frac{F_0^2}{2Z_m T}\int_0^T \{(1 + \cos 2\omega t)\cos\theta + \sin 2\omega t \cos\theta\}\, dt \\ &= \frac{F_0^2}{2Z_m}\cos\theta \end{aligned} \tag{4.15}$$

여기서 $\cos\theta$를 **역률**(power factor) 이라고 하는데 다음 범위의 값을 갖는다.

$$0 \le \cos\theta \le 1 \tag{4.16}$$

또한, **평균 파워**는 그림 2.14의 임피던스 삼각도에서 $\cos\theta = R_m/Z_m$ 임을 고려하면 식 (4.15)는 다음과 같이도 나타내어진다.

$$P_{av} = \frac{F_0^2 R_m}{2Z_m^2} \tag{4.17}$$

이 식으로부터 알 수 있는 바와 같이 평균 파워는 $X_m = 0$ 가 되어 $Z_m = R_m$ 일 때 최대인 $P_{av} = F_0^2/2R_m$ 가 되는데, 그 때가 공진인 상태이다. 또한, F_0가 구동력의 최댓값이므로 실효값 F_{eff}로 나타내면 다음과 같이 주어져, 식 (4.17)의 분모에 있는 2가 없어진다.

$$P_{av} = \frac{F_{eff}^2}{Z_m} \cos\theta = \frac{F_{eff}^2 R_m}{Z_m^2} \tag{4.18}$$

스피커나 초음파 변환자 등 대부분의 음원 장치나 소자들은 전기에 의해 구동된다. 그러한 장치나 소자들의 음향 파워는 그 장치에 공급된 전기적인 파워, 즉 전력의 일부가 음향 파워로 변환된다. 그 변환되는 효율을 **전기음향 변환 효율**이라고 하는데, 그것은 장치에 따라 다르다. 만약 그 효율을 안다면 전력의 측정으로부터 음원에서 방사되는 음향 파워를 구할 수 있을 것이다.

4.2.2 음향 강도

음원에서 방사된 음파가 매질로 전파될 때 음향에너지가 전달된다. 무한히 큰 평면의 파면을 갖는 평면 진행파라면 음원으로부터 같은 거리에 있는 모든 점에서 그 점을 포함하는 어떤 면적을 통해 일정 시간 동안 전달되는 음향에너지는 같다. 그러나 그렇지 않은 일반적인 경우는 달라진다. 즉, 음원으로부터 같은 거리에 있는 지점이라도 위치에 따라 같은 시간 동안에 같은 크기의 면적을 통과하는 음향에너지는 달라진다.

음향 강도(acoustic intensity) I 란 매질 내의 임의의 지점에 있어서 단위면적을 통하여 단위 시간에 전달된 음향에너지를 말한다. 어떤 시각에 음향 파워 P_i가 면적 A 인 어떤 단면을 통하여 전달되었다고 할 때, 그 면상의 임의의 한 점에서의 **순시 음향 강도**는 다음과 같다.

$$I_i = \frac{P_i}{A} \, [W/m^2] \tag{4.19}$$

이 식은 압력에 면적을 곱한 것이 힘임을 생각하면 식 (4.13) 에 의해 다음과 같이 고쳐 쓸 수 있다.

$$I_i = \frac{Fu}{A} = pu \tag{4.20}$$

여기서 p는 음압이다. 이 식으로부터 **음향 강도는 음압과 입자속도의 곱**이 됨을 알 수 있다. 파워와 마찬가지로 음파의 강도는 일반적으로 평균 강도를 말하는데, 주기파에 대해서는 다음과 같이 구해진다.

$$I_{av} = \frac{1}{T}\int_{0}^{T} pu\,dt \tag{4.21}$$

평면 진행파의 경우 **평균 음향 강도**는 음향 특성 임피던스 $Z_a = \rho c$ 에 의해 다음과 같이 주어진다.

$$I_{av} = \frac{1}{T}\int_{0}^{T} \frac{p^2}{\rho c}\,dt \tag{4.22}$$

$+x$ 방향으로 전파하는 평면 진행파의 음압 p는 다음과 같이 둘 수 있다.

$$p = P_m \cos(\omega t - kx) \tag{4.23}$$

이에 따라 평균 음향 강도는 다음과 같이 산출된다.

$$\begin{aligned} I_{av} &= \frac{1}{T}\int_{0}^{T} \frac{P_m^2 \cos^2(\omega t - kx)}{\rho c}\,dt \\ &= \frac{P_m^2}{2\rho c} = \frac{P_{eff}^2}{\rho c} \end{aligned} \tag{4.24}$$

여기서 P_m은 음압의 진폭이고, P_{eff}는 그 실효값이다. 입자속도의 진폭 U_m과 음압 진폭과는 다음의 관계에 있다.

$$U_m = \frac{P_m}{\rho c} \tag{4.25}$$

이에 따라 평균 음향 강도는 다음과 같이 주어진다.

$$I_{av} = \frac{P_m U_m}{2} = P_{eff} U_{eff} \tag{4.26}$$

이와 같이 일반적으로 말하는 음향 강도인 평균 음향 강도는 음압 실효치와 입자속도의 실효치를 곱한 값이다. 실제 음파의 측정에서는 마이크로폰 또는 수중청음기(하이드로폰) 등이 음압을 측정하므로 식 (4.24)에 의해 음향 강도가 구해진다. 음압과 음향 강도를 알면 식 (4.26)에 의해 입자속도를 구할 수 있다.

4.2.3 음향 에너지

음파를 전달하는 매질 입자는 다른 입자, 예를 들면 진동하는 질점 등과 마찬가지로 운동 에너지와 위치 에너지를 갖는다. 즉, 음파의 전파에 따라 전달되는 음향 에너지는 운동 에너지와 위치 에너지의 합으로 주어진다. 음파가 매질을 통해 전파될 때 그 공간상의 어떤 한 지점에서의 음향 에너지가 얼마인가를 파악하는 것이 중요한데, 이 때는 주로 단위 부피당의 에너지인 **에너지 밀도**(energy density)를 사용한다. **운동 에너지 밀도**와 **위치 에너지 밀도**를 각각 E_K, E_P라고 하면 전체 음향 에너지 밀도 E_D는 다음과 같이 주어진다.

$$E_D = E_K + E_P \tag{4.27}$$

여기서 운동 에너지 밀도는 입자속도 u에 의해 다음과 같이 주어진다.

$$E_K = \frac{1}{2}\rho u^2 \tag{4.28}$$

그리고 위치 에너지 밀도는 음압이 한 일을 부피로 나눈 값에 해당하므로, 매질 내에 ΔV 라는 부피를 생각하면 다음과 같이 주어진다.

$$E_P = \frac{1}{\Delta V}\int dW \tag{4.29}$$

여기서 일 W는 그림 4.3과 같이 부피 ΔV가 외부로부터 힘 F를 받아 Δx 만큼

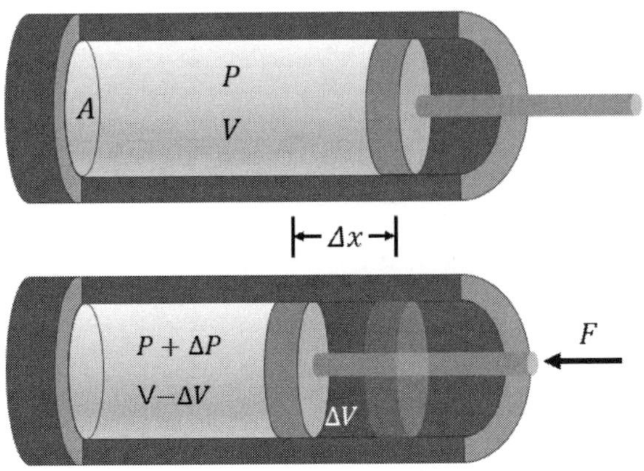

그림 4.3 유체의 압력에 의한 변화

변할 때 내부 매질에 대해 한 일에 해당하므로 다음과 같이 주어진다.

$$W = -F\Delta x = -pA\Delta x = -p\Delta V \tag{4.30}$$

따라서 무한히 작은 미소 체적 dV에 대한 일 dW는 다음과 같이 주어진다.

$$dW = -p\,dV \tag{4.31}$$

여기서 식 (3.6)에 정의된 부피탄성율 β를 고려하면 다음 식이 얻어진다.

$$dV = -\frac{1}{\beta}\Delta V\,dp \tag{4.32}$$

이에 따라 위치 에너지 밀도는 다음과 같이 주어진다.

$$E_P = \frac{1}{\beta}\int p\,dp = \frac{1}{2\beta}p^2 = \frac{1}{2}\frac{p^2}{\rho c^2} \tag{4.33}$$

따라서 전체 에너지 밀도는 다음과 같이 된다.

$$E_D = \frac{1}{2}\left(\rho u^2 + \frac{p^2}{\rho c^2}\right) \tag{4.34}$$

이것은 임의순간의 값인 **순시 에너지 밀도**이다. 압축과 팽창이 대칭인 음파에서의 **평균 에너지 밀도**는 반주기에 대한 평균으로 정의되며 다음 식에 의해 구할 수 있다.

$$E_{D,\,av} = \frac{2}{T}\int_0^{T/2} E_D\,dt \tag{4.35}$$

식 (4.34)와 식 (4.35)를 이용하여 평면 진행파의 평균 에너지 밀도를 구해보자. 평면 진행파의 음압과 입자속도는 위상이 같다. 따라서 x 방향으로 진행하는 파의 음압과 입자속도는 다음과 같이 나타낼 수 있다.

$$p = P_m \cos(\omega t - kx) \tag{4.36}$$

$$u = U_m \cos(\omega t - kx) = \frac{P_m}{\rho c}\cos(\omega t - kx) \tag{4.37}$$

여기서 P_m과 U_m은 각각 음압과 입자속도의 진폭이다. 이에 따른 순시 에너지 밀도는 다음과 같이 된다.

$$E_D = \frac{P_m^2}{\rho c^2}\cos^2(\omega t - kx) = \frac{P_m^2}{2\rho c^2}\{1+\cos 2(\omega t - kx)\} \tag{4.38}$$

따라서 평균 에너지 밀도는 다음과 같이 구해진다.

$$E_{D,\,av} = \frac{2}{T}\int_0^{\frac{T}{2}} E_D\,dt = \frac{P_m^2}{2\rho c^2} \tag{4.39}$$

이것을 실효값으로 나타내면 다음과 같다.

$$E_{D,\,av} = \frac{P_{eff}^2}{\rho c^2} = \rho U_{eff}^2 \tag{4.40}$$

여기서 U_{eff}는 입자속도의 실효치이다. 이 평균 에너지 밀도는 식 (4.25)와 식 (4.26)에 나타낸 평균 음향 강도를 고려하면 다음의 관계가 있음을 알 수 있다.

$$E_{D,\,av} = \frac{I_{av}}{c} \tag{4.41}$$

즉, 평균 강도를 음속으로 나누면 평균 에너지 밀도가 된다.

4.3 파동의 중첩

4.3.1 중첩의 원리

어떤 매질에 두 개 이상의 파동이 전파하고 있는 경우를 생각하자. 그러한 파동들은 그림 4.4와 같이 전파 중에 만나 겹쳐질 수 있는데, 두 개 이상의 파동이 겹쳐지는 현상을 **중첩**이라고 한다. 파동이 중첩되면 서로 간섭을 일으켜 원래의 파동과는 다른 새로운 모양의 파동이 만들어진다.

중첩의 원리(principle of superposition)란 두 개 이상의 파동이 겹쳐져 생기는 합성 파동은 각 파동의 대수 합과 같다는 것이다. 즉, 여러 개의 파동이 만날 때 변위나 압력은 각각의 파동의 변위나 압력을 선형적으로 합한 것과 같음을 말한다. 파동의 형태는 주파

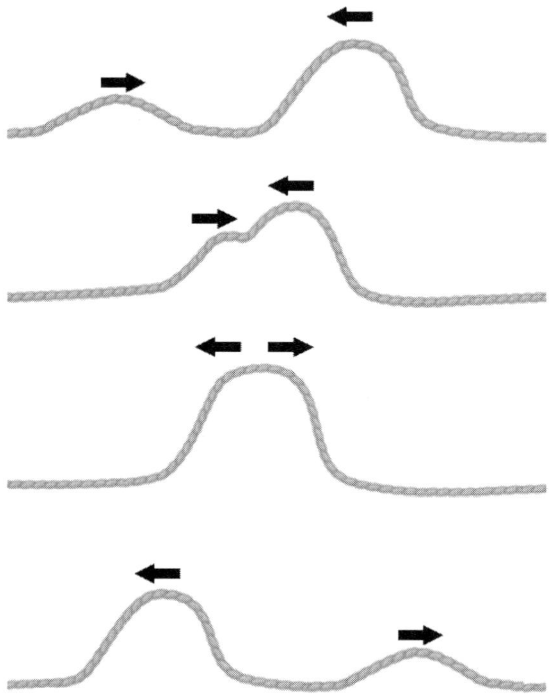

그림 4.4 반대 방향으로 전파하는 펄스파의 중첩

수, 진폭, 위상에 따라 달라진다. 만약 이들 세 개의 변수가 모두 다른 파동을 합하는 것을 수학적으로 표현하기는 매우 어렵다. 따라서 여기서는 각주파수 ω가 같고, 진폭과 위상이 다른 두 개의 파동에 대해 그 변위의 합이 어떻게 되는지를 알아본다.

두 개의 파동에 대해 각각의 변위는 다음과 같이 나타낼 수 있다.

$$\psi_1 = A_1 \cos(\omega t - kx + \phi_1) \tag{4.42a}$$

$$\psi_2 = A_2 \cos(\omega t - kx + \phi_2) \tag{4.42b}$$

이 변위의 대수 합은 다음과 같다.

$$\begin{aligned} \psi &= A_1 \cos(\omega t - kx + \phi_1) + A_2 \cos(\omega t - kx + \phi_2) \\ &= (A_1 \cos\phi_1 + A_2 \cos\phi_2)\cos(\omega t - kx) - (A_1 \sin\phi_1 + A_2 \sin\phi_2)\sin(\omega t - kx) \\ &= M\cos(\omega t - kx) - N\sin(\omega t - kx) \end{aligned} \tag{4.43}$$

단, $M = A_1 \cos\phi_1 + A_2 \cos\phi_2$, $N = A_1 \sin\phi_1 + A_2 \sin\phi_2$

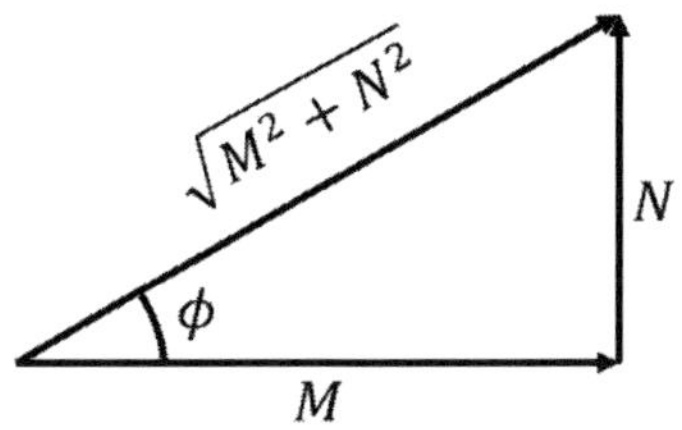

그림 4.5 삼각함수의 합을 구하기 위한 직각 삼각형

이 식 (4.43)은 각주파수가 같은 두 정현함수의 차로 표시되어 있는데, 그것은 다음과 같이 고려하면 하나의 정현함수로 나타내어진다.

$$\psi = \sqrt{M^2+N^2}\left\{\frac{M}{\sqrt{M^2+N^2}}\cos(\omega t-kx)-\frac{N}{\sqrt{M^2+N^2}}\sin(\omega t-kx)\right\} \tag{4.44}$$

이 식을 그림 4.5와 같은 직각 삼각형을 생각하면 합성 변위는 다음과 같이 된다.

$$\psi = A\cos(\omega t - kx + \phi) \tag{4.45}$$

$$\text{단, } A = \left[(A_1\cos\phi_1 + A_2\cos\phi_2)^2 + (A_1\sin\phi_1 + A_2\sin\phi_2)^2\right]^{1/2}$$

$$\phi = \tan^{-1}\left(\frac{A_1\sin\phi_1 + A_2\sin\phi_2}{A_1\cos\phi_1 + A_2\cos\phi_2}\right)$$

만약 두 개의 파가 같으면, 즉 $A_1 = A_2$이고 $\phi_1 = \phi_2$이면 $2A_1 = 2A_2 = A$, $\phi_1 = \phi_2 = \phi$로서 중첩된 파의 크기는 각각의 파의 두 배가 되고, 위상은 각각의 파와 같다. 이와 같은 중첩을 **보강 간섭**(constructive interference)이라고 한다. 이에 반해, 진폭이 같은데 위상이 반대, 즉 $A_1 = A_2$이고 $\phi_2 = \phi_1 \pm \pi$이면, $A_2\cos\phi_2 = -A_1\cos\phi_1$, $A_2\sin\phi_2 = -A_1\sin\phi_1$이므로 $A=0$가 되어, 시간이나 위치에 무관하게 언제나 변위가 0이 되는데, 이것을 **소멸 간섭**(destructive interference)이라고 한다. 그림 4.6(a), (b)에 보강 간섭과 소멸 간섭의 모습을 나타내었다.

주파수가 같고 진폭과 위상이 다른 여러 개의 파동은 처음부터 하나씩 차례대로 합해 나가면 결국에는 두 개의 정현파의 합과 같아지므로 주파수가 같은 하나의 정현파로 나타낼 수 있다. 즉, 두 정현함수의 합으로 생각할 수 있으므로 다음과 같이 하나의 정현함수로 주어진다.

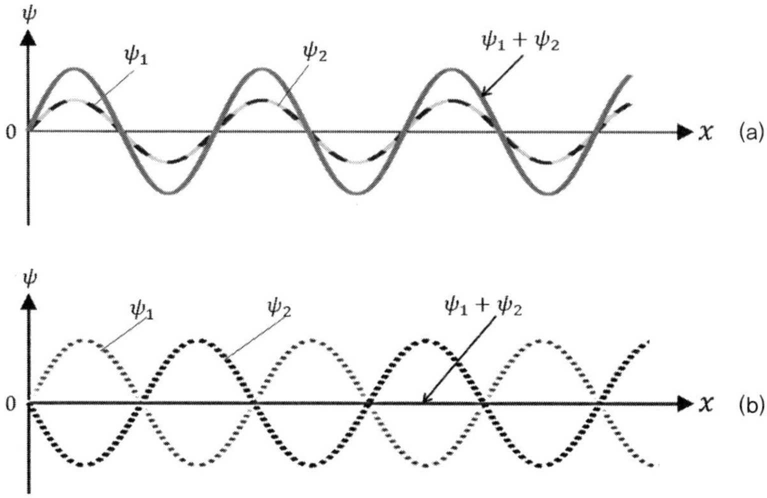

그림 4.6 보강 간섭(a)과 소멸 간섭(b)

$$\psi = \psi_1 + \psi_2 + \cdots + \psi_n = A\cos(\omega t - kx + \phi) \tag{4.46}$$

$$\text{단, } A = \left[\left(\sum A_n \cos\phi_n\right)^2 + \left(\sum A_n \sin\phi_n\right)^2\right]^{1/2}$$

$$\phi = \tan^{-1}\left(\sum_{i=1}^{n} A_n \sin\phi_n / \sum_{i=1}^{n} A_n \cos\phi_n\right)$$

4.3.2 맥놀이 현상

일반적으로, 주파수가 다른 두 개의 파동이 합해지면 그 형상이 복잡하기 때문에 변위를 하나의 수식으로 나타내기는 어렵다. 그러나 주파수의 차이가 작을 때, 어떤 특정 지점(그 지점을 $x=0$로 둠) 에서의 파동은 다음과 같이 수식화할 수 있다. 즉, 하나의 주파수가 ω_1이고, 다른 하나의 주파수 ω_2가 다음과 같이 주어진다고 하자.

$$\omega_2 = \omega_1 + \Delta\omega \tag{4.47}$$

여기서 $\Delta\omega$는 ω_1에 비해 작은 값이다. 그에 따른 두 변위의 합은 다음과 같이 주어진다.

$$\psi = A_1\cos(\omega_1 t + \phi_1) + A_2\cos(\omega_1 t + \Delta\omega t + \phi_2) \tag{4.48}$$

이 식 우변의 코사인 항을 전개하면 변위는 다음과 같이 된다.

$$\psi = \{A_1 \cos\phi_1 + A_2 \cos(\Delta\omega t + \phi_2)\}\cos\omega_1 t$$
$$- \{A_1 \sin\phi_1 + A_2 \sin(\Delta\omega t + \phi_2)\}\sin\omega_1 t \tag{4.49}$$

이 식은 각주파수가 ω_1으로 같은 두 정현함수의 합이다. 따라서 그 결과는 다음과 같이 하나의 정현함수가 된다.

$$\psi = A\cos(\omega_1 t + \phi) \tag{4.50}$$

$$단,\ A = \left[A_1^2 + A_2^2 + 2A_1 A_2 \cos(\phi_1 - \phi_2 - \Delta\omega t)\right]^{1/2}$$

$$\phi = \tan^{-1}\left\{\frac{A_1 \sin\phi_1 + A_2 \sin(\phi_2 + \Delta\omega t)}{A_1 \cos\phi_1 + A_2 \cos(\phi_2 + \Delta\omega t)}\right\}$$

이것은 주파수가 ω_1인 정현 진동의 모습을 하고 있으나, 진폭 및 위상이 $\Delta\omega t$ 때문에 시간에 따라 서서히 변한다. 진폭의 변화 범위는 다음과 같다.

$$|A_1 - A_2| \le A \le A_1 + A_2 \tag{4.51}$$

두 파의 진폭과 위상이 같아 $A_1 = A_2$이고, $\phi_1 = \phi_2 = 0$인 경우에는 다음과 같다.

$$A = \sqrt{2}A_1[1 + \cos(\Delta\omega t)]^{1/2} \tag{4.52a}$$

$$\phi = \tan^{-1}\left\{\frac{\sin(\Delta\omega t)}{1 + \cos(\Delta\omega t)}\right\} \tag{4.52b}$$

이 때 진폭의 변화 범위는 $0 \le A \le 2A_1$가 된다. 이 경우 시간에 따른 진폭의 변화 모습을 그림 4.7에 나타내었다. 그림에서 알 수 있는 바와 같이 진폭의 변화, 즉 파형의 등고선이 $\Delta\omega$의 각주파수를 갖는 정현파 모양을 하게 되는데, 그것을 **맥놀이**(beating)라고 한다. 그림에서 알 수 있는 바와 같이 **맥놀이 주파수**(beating frequency)는 등고선이 갖는 주파수의 두 배가 된다. 즉, 맥놀이 주파수 Δf와 **맥놀이 주기** T_{beat}는 각각 다음과 같이 주어진다.

$$맥놀이\ 주파수\ :\ \Delta f = \frac{\Delta\omega}{2\pi} \times 2 = 2(f_2 - f_1) \tag{4.53a}$$

$$맥놀이\ 주기\ :\ T_{beat} = \frac{1}{2(f_2 - f_1)} \tag{4.53b}$$

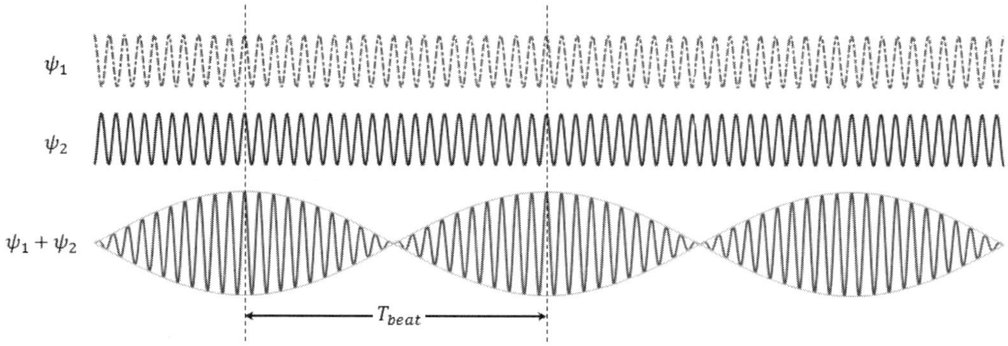

그림 4.7 맥놀이 현상

두 개의 소리굽쇠에서 각각 250 Hz와 254 Hz의 파동을 발생시킬 경우에 우리는 그 평균인 252 Hz의 소리를 듣게 되는데, 그 진폭이 1초에 8번 커졌다 작아졌다 하면서 울리는 소리로 듣게 된다. 이 때 맥놀이 주파수는 8 Hz이다. 사람의 귀는 15~20 Hz의 맥놀이 진동수까지 감지할 수 있으며, 그 이상은 맥놀이의 울림으로 감지할 수 없다. 맥놀이 현상은 미지의 진동수를 알고 있는 진동수와 비교하는 데 자주 사용된다. 예로서, 피아노를 조율할 때에는 일정 주파수의 소리를 발생시키는 소리굽쇠 등의 음과 피아노 음을 동시에 울리게 한 후 맥놀이 현상이 거의 생기지 않도록 피아노 건반에 연결된 줄의 장력을 조절한다.

4.4 정상파

4.4.1 줄에서의 정상파

정상파(standing wave)는 주파수와 진폭이 같은 동일한 형태의 파동이 서로 반대 방향으로 같은 속력으로 진행하면서 중첩되는 경우에 발생한다. 정상파는 변위의 진폭이 최소인 **마디**(node)의 위치와 최대인 **배**(anti-node)의 위치가 고정되어 있어 파동이 진행하지 않고 정지된 것처럼 보이는 파이다. 그러한 정상파는 크기가 한정된 감쇠 없는 매질에서는 어디에서나 생길 수 있다. 여기서는 먼저 길이가 한정된 줄에서의 정상파에 대해 알아본다.

(1) 양쪽이 고정된 줄

음악 연주에 사용되는 바이올린, 기타 등의 현악기는 다양한 길이의 줄을 이용하여 여러 가지 주파수의 음을 발생시키고 있다. 줄의 재질이나 줄에 걸려 있는 장력은 악기마다 다르지만, 같은 악기에 있어서 음의 고저는 줄의 길이에 의해 정해지는데, 줄이 짧을수록 주파수가 높은 고음이 발생된다. 그 주파수는 그림 4.8(a)과 같이 양단이 고정된 줄을 튕겼을 때의 공진 주파수에 해당하는데, 그것은 줄에 형성된 정상파의 **정규 모드 주파수**(normal mode frequency)이다.

양 끝단이 고정된 길이 L인 줄을 한번 튕기면 횡파가 발생하여 줄을 따라 전파하며 양 끝에서 반사한다. 그에 따라 줄은 그림 4.8(b), (c), (d)와 같은 모습의 진동을 하게 되는데, 그 진동들은 이 계의 경계조건을 만족하는 진동이다. 이 계의 경계조건이란 양 끝단이 고정되어 움직이지 못하므로 그 지점에서의 변위가 0이라는 것이다. 즉, $x=0$와 $x=L$에서 $\psi=0$이다. 이 현상을 조화파에 대한 입사파와 반사파의 중첩으로 나타내면 다음과 같다. 먼저, $+x$방향으로 진행하는 입사파 변위는 다음 식으로 나타낼 수 있다.

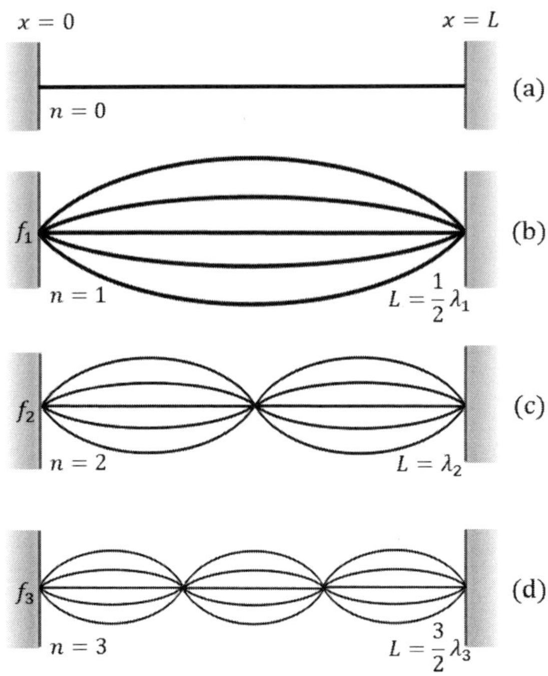

그림 4.8 양단이 고정된 줄에서의 정상파

$$\psi_i = A' \cos(\omega t - kx + \phi') \tag{4.54}$$

이 파가 고정되어 있는 오른쪽 끝단에 도달하면 반사하는데, 고정단에서는 기계 임피던스가 무한대이므로 후술하는 식 (5.13)에서 **변위의 반사 계수**가 $R = -1$이 된다. 따라서 반사파의 변위는 다음과 같아진다.

$$\psi_r = -A' \cos(\omega t + kx + \phi') \tag{4.55}$$

줄에서는 그 두 파가 중첩되므로 그에 따른 변위는 다음과 같다.

$$\begin{aligned}\psi &= A'\{\cos(\omega t - kx + \phi') - \cos(\omega t + kx + \phi')\} \\ &= A \sin kx \sin(\omega t + \phi')\end{aligned} \tag{4.56}$$

단, $A = 2A'$.

이 식 (4.56)은 다음과 같이 코사인 함수로도 나타낼 수 있다.

$$\psi = A \sin kx \cos(\omega t + \phi) \tag{4.57}$$

단, $\phi = \phi' - \frac{\pi}{2}$

정상파를 나타내는 식 (4.56)과 식 (4.57)는 변위가 진행파와는 다르게 위치 x에 따른 위상변화 없이 각주파수 ω인 정현 진동을 나타내며, 그 진폭이 $A \sin kx$이다. 즉 진폭이 위치 x에 따라 변하는 진동의 변위를 나타낸다. 이 정상파의 진폭이 0이 되는 마디는 $\sin kx = 0$인 지점이다. 즉, 다음의 식이 성립한다.

$$kx = m\pi; \quad m = 0, 1, 2, \cdots \tag{4.58}$$

이에 따라 $x = 0$인 점은 $m = 0$이다. 그런데 $x = L$에서도 변위가 0인 것을 생각하면 다음 식이 만족되어야 한다.

$$\sin kL = 0 \tag{4.59}$$

이에 따라 파수 k는 다음과 같이 된다.

$$k = \frac{n\pi}{L}; \quad n = 1, 2, 3, \cdots \tag{4.60}$$

즉, 파수 k가 n에 의해 정해지는 어떤 특정한 값을 가져야 한다. 그것을 **정규모드 파수** k_n이라고 하는데, 다음의 관계가 있다.

$$k_n = \frac{n\pi}{L} = \frac{\omega_n}{c} = \frac{2\pi f_n}{c} = \frac{2\pi}{\lambda_n} \tag{4.61}$$

따라서 **정규모드 파장**은 다음과 같이 정해진다.

$$\lambda_n = \frac{2\pi}{k_n} = \frac{2L}{n} \tag{4.62}$$

$n = 1$인 모드를 **기본 모드**(fundamental mode)라고 하고, 그 때의 주파수가 **기본 주파수**이다. 기본 모드에서는 $\lambda_1 = 2L$로서, 그림 4.8(b)와 같이 줄의 길이가 반 파장이 된다. $n = 2$인 모드를 **제1차 고조파**(1st harmonics), $n = 3$인 모드를 **제2차 고조파**(2nd harmonics)라고 한다. 그림 4.8(c)와 (d)가 각각 그에 해당한다. 그 이상에 대해서는 $(n-1)$차 고조파가 된다. 제2차 고조파 모드일 때 $\lambda_2 = L$로서 줄의 길이가 한 파장이 된다. 고조파의 파장이 기본파의 정수배로 줄어듦으로 고조파의 주파수는 기본파의 정수배가 된다. 즉, 다음과 같다.

$$f_n = nf_1 \; ; \; n = 1, 2, 3, \cdots \tag{4.63}$$

또한, 정상파에서 마디나 배의 간격은 각 모드에서의 파장의 반이 된다.

(2) 양쪽이 자유인 줄

당겨진 상태에서 자유 공간에 놓여 있는 줄에서는 양 끝단, 즉 $x = 0$, $x = L$에서 변위 방향에 대한 장력이 없다. 이것을 조화파에 대한 입사파와 반사파의 중첩으로 나타내면 다음과 같다. 먼저, $+x$방향으로 진행하는 입사파 변위는 다음 식으로 나타낼 수 있다.

$$\psi_i = A' \cos(\omega t - kx + \phi') \tag{4.64}$$

이 파가 양 끝인 자유단에 도달하면 반사되는데, 자유단에서는 기계 임피던스가 0이 되므로 후술하는 식 (5.13)에 따라 변위의 반사계수가 $R = 1$이 되어 반사파의 변위는 다음과 같이 된다.

$$\psi_r = A' \cos(\omega t + kx + \phi') \tag{4.65}$$

위의 두 파의 중첩에 의한 변위는 다음과 같이 된다.

$$\psi = A'\{\cos(\omega t - kx + \phi') + \cos(\omega t + kx + \phi')\}$$

$$= A\cos kx \cos(\omega t + \phi') \qquad (4.66)$$

단, $A = 2A'$.

이 식은 다음과 같이 사인 함수로도 나타낼 수 있다.

$$\psi = A\cos kx \sin(\omega t + \phi) \qquad (4.67)$$

단, $\phi = \phi' + \frac{\pi}{2}$

식 (4.66)과 식 (4.67)는 양단이 고정된 줄에서와 마찬가지로 각주파수 ω인 정현 진동을 나타내며, 그 진폭이 $A\cos kx$에 따라 변하는 정상파를 형성한다. 이 때 $x = L$ 지점이 진폭이 최대인 배가 된다. $x = L$에 대해 생각하면 다음의 식이 만족되어야 한다.

$$\cos k_n L = 1 \qquad (4.68)$$

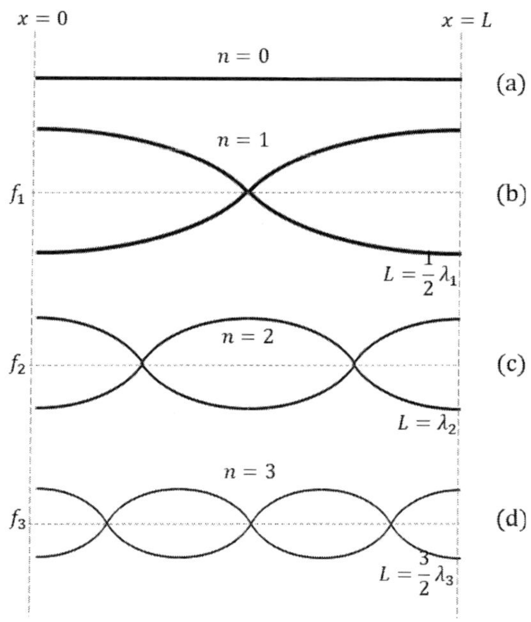

그림 4.9 양단이 자유인 줄에서의 정상파

이에 따라 정규모드 파수 k_n은 다음과 같다.

$$k_n = \frac{n\pi}{L};\ n = 1, 2, 3, \cdots \tag{4.69}$$

이 식은 양단이 고정된 줄에 대한 식 (4.33)과 같다. 기본 모드와 제1차 및 제2차 고차 모드에 대한 진동 모습은 그림 4.9와 같다.

(3) 한 쪽 고정, 한 쪽 자유인 줄

정상파의 변위는 진폭이 위치에 따라 정현적으로 변하는 진동으로 표현되므로, 그림 4.10과 같이 $x=0$인 한 쪽 끝단이 고정되어 있고 $x=L$인 다른 쪽 끝단이 자유롭게 움직이는 줄에 대한 변위의 식은 다음 두 식 중의 하나로 나타낼 수 있다.

$$\psi = A\sin kx\cos(\omega t + \phi) \tag{4.70a}$$

$$\psi = A\sin kx\sin(\omega t + \phi) \tag{4.70b}$$

자유 단인 $x=L$에서 변위가 최대가 되어야 하므로 다음의 조건이 만족되어야 한다.

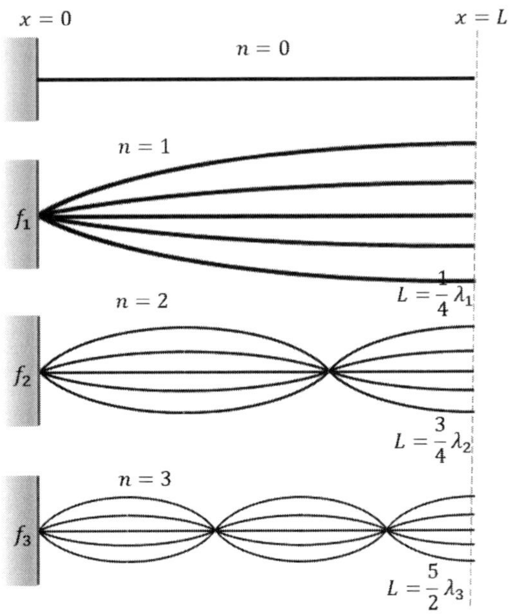

그림 4.10 한 쪽 고정, 한 쪽 자유인 줄에서의 정상파

$$\sin k_n L = 1 \tag{4.71}$$

따라서 정규모드의 파수와 파장은 다음과 같이 정해진다.

$$k_n = \frac{(2n-1)\pi}{2L};\ n = 1, 2, 3, \cdots \tag{4.72a}$$

$$\lambda_n = \frac{4L}{2n-1} \tag{4.72b}$$

그림 4.10에 나타낸 것처럼 $n=1$인 기본 모드의 파장은 $\lambda_1 = 4L$로서, 줄의 길이가 1/4 파장이 된다. 그리고 $n=2$ 인 1차 고조파 모드의 파장은 $\lambda_2 = 4L/3$, $n=3$ 인 2차 고조파 모드의 파장은 $\lambda_2 = 4L/5$이 된다. 고조파에서 발생하는 정규모드 주파수 f_n은 파장이 기본 모드에 비해 1/3, 1/5, ⋯로 줄어듦으로 다음과 같이 된다.

$$f_n = nf_1\ ;\ n = 1, 3, 5, \cdots \tag{4.73}$$

즉, 고조파의 주파수는 기본 모드 주파수의 3배, 5배, ⋯ 등으로 홀수 배가 된다.

4.4.2 정상파 방정식의 일반형

정상파의 변위를 나타내는 방정식의 일반형은 식 (4.57) 및 식 (4.66) 등에서 알 수 있는 바와 같이 다음으로 주어진다.

$$\psi(x,t) = A\,U_n(x)\cos(\omega_n t + \phi) \tag{4.74}$$

단, $U_n(x) = \sin k_n x$ 또는 $\cos k_n x$

이것을 복소 지수함수로 표현하면 다음과 같이 된다.

$$\psi(x,t) = A\,U_n(x)\,e^{j(\omega_n t + \phi)} \tag{4.75}$$

이 복소 표현에서 지수로 나타낸 복소수의 실수를 취하면 실제의 파형이 되는 것은 제4.1절에서 언급한 것처럼 암묵적으로 내포되어 있다. $U_n(x)$을 사인으로 할 것인지 코사인으로 할 것인지는 앞에서 기술한 바와 같이 $x=0$ 에서 마디가 되는지 배가 되는지를 생각하면 쉽게 정할 수 있다.

4.4.3 반사계수에 따른 정상파 파형의 변화

앞에서 언급한 바와 같이 정상파는 동일 주파수의 음파가 반대 방향으로 진행하는 공간에서 음파의 간섭 때문에 만들어지므로 어떤 한 방향으로의 진행파와 그 반사파가 동시에 존재하는 때도 그와 같은 현상이 생긴다. 앞의 절에서는 반사파 변위의 진폭이 입사파와 동일한 경우에 해당하는 반사계수 $R=-1$(고정단) 또는 $R=1$(자유단)인 경우에 대하여 정상파의 모습을 파악하였다. 여기서는 반사파의 진폭이 입사파와 다를 때 정상파의 모습이 어떻게 변하는지에 대해 알아본다.

$+x$방향으로 진행하는 입사파와 그 반사파의 변위는 다음과 같이 표현할 수 있다.

$$\psi_i = \Psi_i e^{j(\omega t - kx)} \tag{4.76a}$$

$$\psi_r = \Psi_r e^{j(\omega t + kx)} = R\Psi_i e^{j(\omega t + kx)} \tag{4.76b}$$

여기서 R 은 **변위에 대한 반사계수**로서 다음의 범위에 있다.

$$-1 \le R \le 1 \tag{4.77}$$

입사파와 반사파가 중첩되면 합성 변위는 다음과 같이 된다.

$$\begin{aligned}\psi &= \Psi_i (e^{-jkx} + Re^{jkx})e^{j\omega t} \\ &= \Psi_i \{(1+R)\cos kx + j(R-1)\sin kx\} e^{j\omega t} \\ &= \Psi_i \sqrt{1+R^2+2R\cos 2kx}\ e^{j(\omega t + \phi)}\end{aligned} \tag{4.78}$$

$$\text{단, } \phi = \tan^{-1}\left(\frac{R-1}{R+1}\tan kx\right)$$

변위의 진폭 Ψ_m은 위치 x에 따라 다음과 같이 변하게 된다.

$$\Psi_m(x) = \Psi_i \sqrt{1+R^2+2R\cos 2kx} \tag{4.79}$$

만약, $R>0$이고 $\cos 2kx = 1$ 즉, $\cos(4\pi x/\lambda) = 1$이면 진폭은 다음과 같아진다.

$$\Psi_m = \Psi_i(1+R) \tag{4.80}$$

이것은 진폭이 최대일 때에 해당하며, 반사파가 생기는 지점을 기준으로 하였을 때 다음의 각 지점에서 생긴다.

$$x = 0,\ -\frac{\lambda}{2},\ -\lambda,\ -\frac{3\lambda}{2},\ \cdots \tag{4.81}$$

그리고 $\cos(4\pi x/\lambda) = -1$일 때, 즉 다음의 위치에서 최소가 된다.

$$x = -\frac{\lambda}{4},\ -\frac{3\lambda}{4},\ -\frac{5\lambda}{4},\ \cdots \tag{4.82}$$

따라서 $\lambda/4$ 간격으로 최대와 최소가 반복된다. 한편, $R < 0$인 경우에는 최대와 최소의 위치가 $R > 0$인 경우와 반대가 된다. 그리고 $R = 1$인 경우에는 진폭이 입사파의 두 배가 되어 다음과 같이 나타내어진다.

$$\psi(x,t) = 2\Psi_i \cos kx\, e^{j\omega t} \tag{4.83}$$

그림 4.11은 반사계수 R에 따른 정상파 변위의 변화 모습을 나타낸다. 그림에서 알 수 있는 바와 같이 반사계수가 $R = 1$ 또는 $R = -1$이 아니면 배에서의 변위 최댓값이 입사파의 두 배가 되지 않으며, 또한 최소인 마디에서의 변위가 0이 되지 않는다. 정상파에 있어서 최댓값과 최솟값의 비를 **정상파 비**(Standing Wave Ratio: SWR)라고 한다. 이 정상파비로부터 반사계수를 구하기도 하는데 그것은 다음의 관계에 있다.

$$SWR = \frac{\Psi_{\max}}{\Psi_{\min}} = \frac{1+R}{1-R} \tag{4.84a}$$

$$R = \frac{SWR-1}{SWR+1} \tag{4.84b}$$

한편, 어떤 한정된 공간 내에 있는 유체 내에서 음파가 전파할 때도 같은 방법으로 정상파를 해석할 수 있다. 그러나 유체에서는 주로 음압을 측정하므로 변위보다는 음압에 대한 정상파를 고려하게 된다. 이 때 주의해야 할 점은 음압의 경우는 변위와는 반대로 고정단(강체)에서의 반사계수 $R_p = 1$이며, 자유단(진공 등)에서의 반사계수 $R_p = -1$로서 변위와는 반대라는 것이라는 것이다. 유체에서의 반사계수에 대해서는 제5.2절에서 상세히 기술한다.

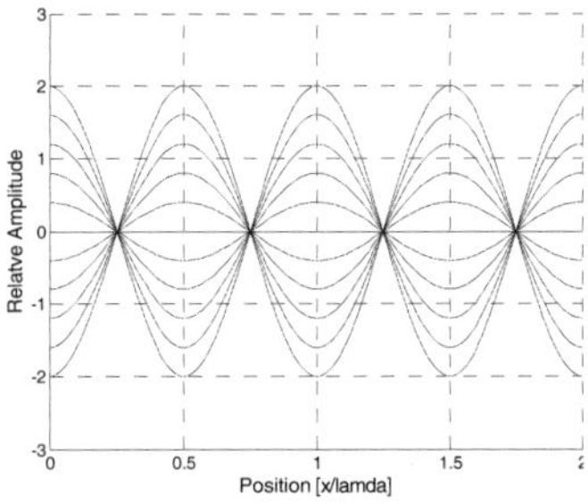

($R=1$)

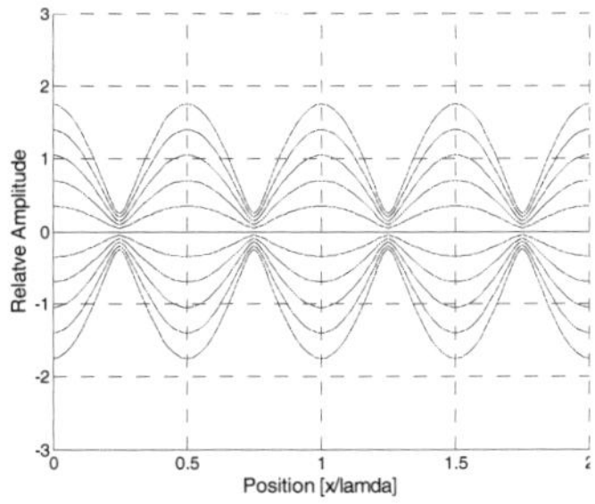

($R=0.75$)

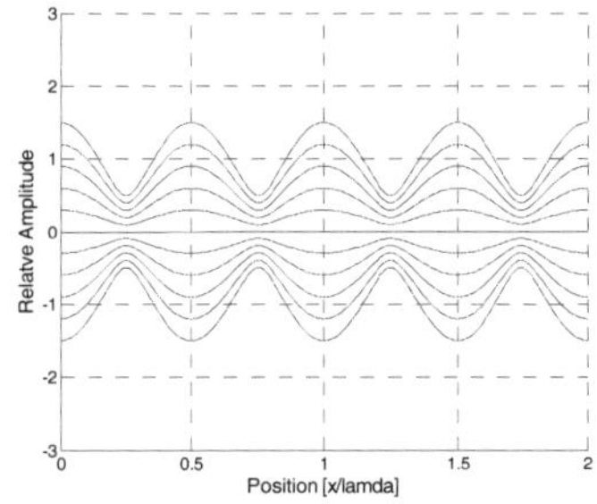

($R=0.5$)

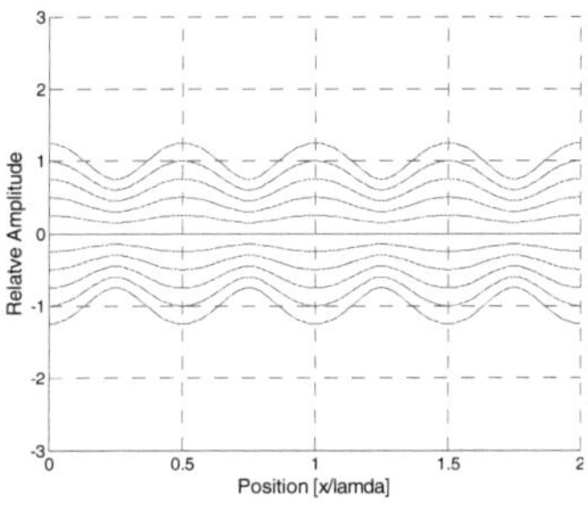

($R=0.25$)

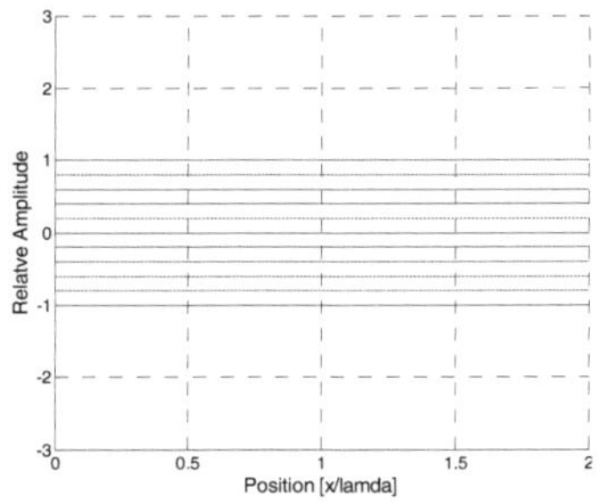

($R=0$)

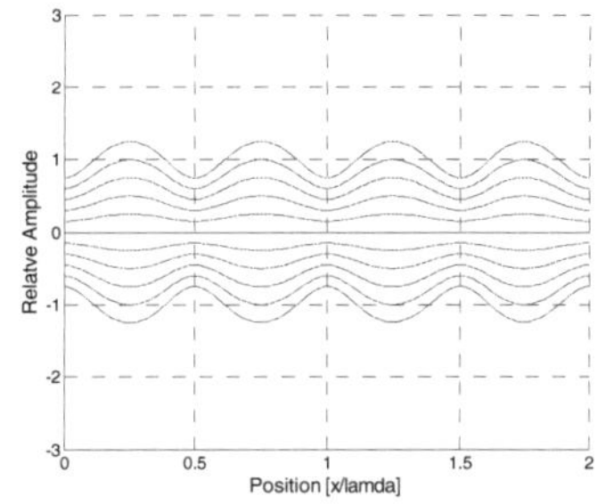

($R=-0.25$)

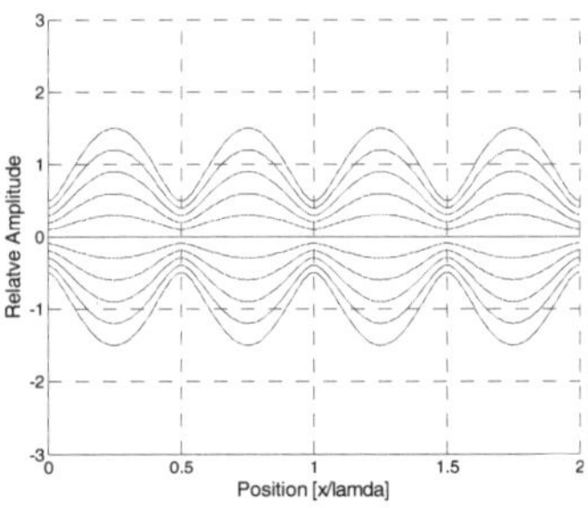

($R=-0.5$)

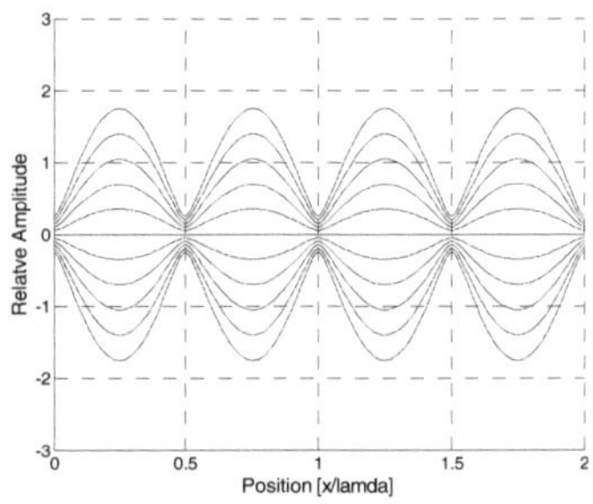

($R_p=0.75$)

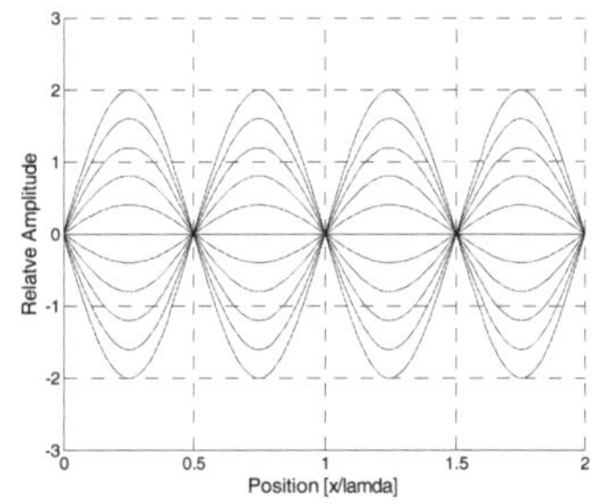

($R=-1$)

그림 4.11 반사계수에 따른 정상파의 모습

4.5 파동방정식과 그 해

자연 현상을 관찰하여 미세한 영역에서 분석해 보면 어떤 변수들에 의한 하나의 방정식으로 나타낼 수 있고, 그 방정식의 해를 구해보면 그 자연 현상을 나타내는 거시적 법칙을 알 수 있는데, 이 때 사용되는 방정식은 일반적으로 미분방정식이다. 파동의 전파 현상을 나타내는 미분방정식을 **파동방정식**(wave equation)이라고 하는데, 앞에서 언급한 바와 같이 식 (4.10)과 식 (4.12)는 평면 진행파의 변위에 대한 파동방정식의 일반해이다. 이하에서는 매질이 줄, 봉 또는 공기나 물 등의 유체인 경우에 대하여 파동방정식이 어떻게 유도되는지를 기술하고, 그 해가 식 (4.10) 또는 식 (4.12)와 동일한 형태로 나타남을 보인다. 나아가 이차원 막에서의 파동방정식과 그 해에 관해 기술한다.

4.5.1 줄에서의 파동방정식

그림 1.2에 나타낸 것처럼 장력 T에 의해 팽팽하게 당겨져 있는 줄의 한 부분에 펄스 모양의 작은 교란을 만들면 그것이 좌우로 전파해 나가게 된다. 이 일차원 횡파에 대한 파동방정식은 다음과 같이 유도된다. 먼저, 그림 4.12(a)에 나타낸 것처럼 $+x$ 방향으로 전파하는 파동의 미소 부분을 확대하여 보면 그림 4.12(b)와 같다.

그림에서 미소 부분 양단에 작용하는 장력의 크기는 같으나 방향이 다르다. 그에 따라 미소 부분에는 알짜 힘이 생기는데, 그 힘에 대한 운동방정식이 바로 파동방정식이 된다. 여기서 줄에 걸린 장력은 중력보다 충분히 커서 무게에 의한 변위는 발생하지 않으며, 용수철 상수에 해당하는 강성이 작아서 줄 자체의 수평 방향 복원력은 없다고 가정한다. 그에 따라 그림 4.12(b)에서 x 지점에 있는 미소 선분요소 Δx에 작용하는 알짜 힘은 y 방향의 힘만 존재하는데, 그 힘은 다음과 같다.

$$dF_y = (T\sin\theta)_{x+\Delta x} - (T\sin\theta)_x \tag{4.85}$$

여기서 $\theta \rightarrow 0$이면 $\sin\theta \approx \tan\theta$인 것을 고려하면 다음과 같이 나타내어진다.

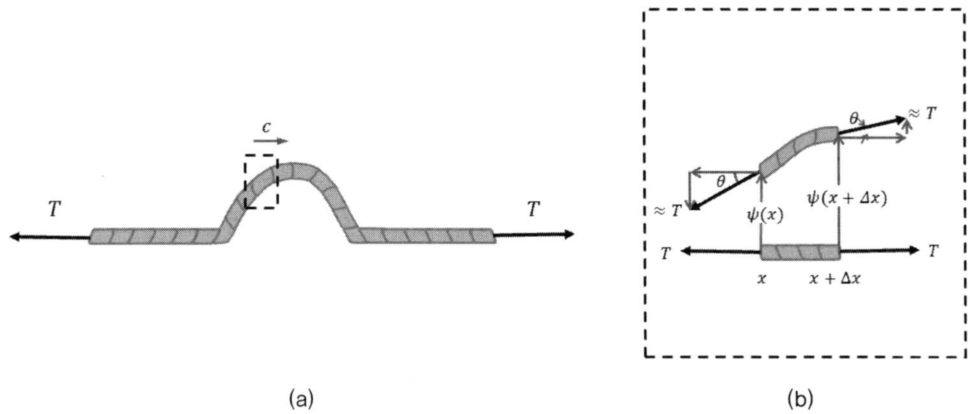

그림 4.12 줄을 따라 전파하는 파동(a)와 그 미소부분(b)에 작용하는 힘의 분석

$$dF_y = T\left\{\left(\frac{\partial \psi}{\partial x}\right)_{x+\Delta x} - \left(\frac{\partial \psi}{\partial x}\right)_x\right\} \tag{4.86}$$

이것이 미소 선분요소에 작용하는 알짜 힘으로서 복원력에 해당하며, 그에 따라 그 선분요소는 y방향으로 운동을 한다. 따라서 뉴턴의 운동방정식은 다음과 같이 주어진다.

$$T\left[\left(\frac{\partial \psi}{\partial x}\right)_{x+\Delta x} - \left(\frac{\partial \psi}{\partial x}\right)_x\right] = \mu \Delta x\left(\frac{\partial^2 \psi}{\partial t^2}\right) \tag{4.87}$$

단, μ는 선밀도$[kg/m]$

여기서, 다음과 같이 주어지는 $\Delta x \to 0$에 대한 도함수의 정의식을 고려한다.

$$\lim_{\Delta x \to 0} \frac{\left[\left(\frac{\partial \psi}{\partial x}\right)_{x+\Delta x} - \left(\frac{\partial \psi}{\partial x}\right)_x\right]}{\Delta x} = \frac{\partial}{\partial x}\left(\frac{\partial \psi}{\partial x}\right) = \frac{\partial^2 \psi}{\partial x^2} \tag{4.88}$$

이에 따라 식 (4.87)으로부터 다음의 식이 얻어지는데, 이 식을 **일차원 파동방정식**이라고 한다.

$$\frac{\partial^2 \psi}{\partial t^2} = c^2 \frac{\partial^2 \psi}{\partial x^2} \tag{4.89}$$

단, $c = \sqrt{\frac{T}{\mu}}$

여기서 c는 식 (3.11)에 나타낸 음파의 전파 속력이다. 파동방정식은 시간에 대한 2계 미분이 위치에 대한 2계 미분에 비례함을 나타내는 식인데, 전파 속력의 제곱이 비례상수에 해당한다. 줄에서의 전파 속력은 장력이 크면 빨라지고 선밀도가 크면 늦어짐을 알 수 있다.

4.5.2 봉에서의 파동방정식

그림 4.13과 같이 단면적 a인 봉의 내부를 전파하는 종파를 생각하자. 봉의 축에 해당하는 x방향으로 단면에 대해 수직으로 균일한 힘이 가해지면 길이 방향으로 변형이 생긴다. 이 때 봉의 단면적도 작은 변화가 생길 수 있으나 여기서는 무시하고, 압축 및 인장에

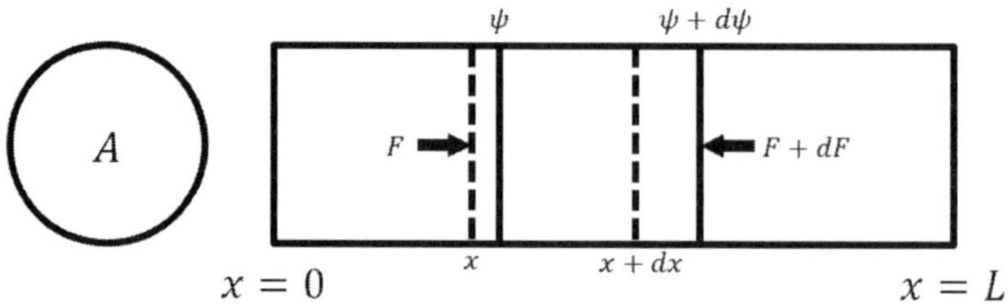

그림 4.13 봉을 따라 전파하는 파동의 분석

의해 길이 방향의 변형만 생기는 것으로 간주한다. 그림에 나타낸 봉의 미소 길이 dx의 양변에 작용하는 두 힘 F와 $F+dF$를 생각하자. 그 두 힘은 반대 방향으로 작용하는데, 그림에서는 미소요소를 압축하는 힘으로 작용하고 있다.

파동의 전파에 따른 x 지점의 변위는 위치와 시간의 함수로서 다음과 같이 표현된다.

$$\psi = \psi(x,t) \tag{4.90}$$

여기서 어떤 특정 시간 t에서 x지점의 변위가 ψ라고 하자. 그러면 $x+dx$ 지점의 변위는 일차원의 선형적 변형만 고려하면 다음과 같이 주어진다.

$$\psi + d\psi = \psi + \left(\frac{\partial \psi}{\partial x}\right)dx \tag{4.91}$$

따라서 길이의 변화량 $d\psi$는 다음과 같다.

$$d\psi = \left(\frac{\partial \psi}{\partial x}\right)dx \tag{4.92}$$

여기서 변위의 기울기를 나타내는 $\partial\psi/\partial x$는 식 (3.2)에 나타낸 **변형률**이다. 파동에 의한 변위는 생각하고 있는 봉의 미소 길이보다 대단히 작으므로 $|d\psi| \ll |dx|$의 관계에 있으며, 탄성한계 내에서 변형률은 단위면적 당의 힘에 비례한다. 즉 다음과 같다.

$$\frac{F}{A} \propto \frac{\partial \psi}{\partial x} \tag{4.93}$$

여기서 F/A는 식 (3.1)에 나타낸 응력으로서, 이 식은 응력이 변형률에 비례함을 나타낸다.

식 (4.93)은 비례상수 E를 사용하여 다음과 같이 고쳐 쓸 수 있다.

$$F = -EA\frac{\partial\psi}{\partial x} \tag{4.94}$$

여기서 음(−)의 부호는 압축력 F가 작용하면 길이가 줄어들기 때문이다. 이 비례상수 E는 제3.2절에서 기술한 **영률**이다.

$+x$ 방향에 대한 알짜 힘은 양쪽 단면에서의 힘의 차이이므로 다음과 같이 주어진다.

$$dF = F - \left[F + \left(\frac{\partial F}{\partial x}\right)dx\right] = -\left(\frac{\partial F}{\partial x}\right)dx \tag{4.95}$$

우변의 힘 F에 식 (4.94)를 대입하면 다음 식이 얻어진다.

$$dF = EA\frac{\partial^2\psi}{\partial x^2}dx \tag{4.96}$$

이 힘이 dx에 작용하는 알짜 힘이므로 뉴턴의 운동방정식은 다음과 같이 된다.

$$(\rho A\,dx)\left(\frac{\partial^2\psi}{\partial t^2}\right) = EA\left(\frac{\partial^2\psi}{\partial x^2}\right)dx \tag{4.97}$$

단, $\rho=$ 부피 밀도$[kg/m^3]$

이로부터 식 (4.89)과 같은 다음의 **파동방정식**이 성립한다.

$$\frac{\partial^2\psi}{\partial x^2} = \frac{1}{c^2}\frac{\partial^2\psi}{\partial t^2} \tag{4.98}$$

단, $c = \sqrt{\dfrac{E}{\rho}}$

여기서 전파 속력 c는 영률이 크면 빨라지고 밀도가 크면 늦어짐을 알 수 있다.

예제 4.1 표 3.1를 참고하여 강철로 된 철봉 내부를 따라 전파하는 종파의 속력을 구하라.

4.5.3 유체에서의 파동방정식

공기나 물 등의 유체 매질에 음파가 전파될 때 그 현상을 나타내는 데는 입자 변위보다 더 측정하기 쉬운 실질적인 변수인 압력이 일반적으로 사용된다. 그 압력을 변수로 한 유체에서의 파동방정식은 뉴턴의 운동방정식과 유체의 연속방정식으로부터 다음과 같이 유도된다.

(1) 운동방정식

그림 4.14에 나타낸 것처럼 정지해 있는 유체 내에 임의의 미소 입방체 $\delta V = \delta x\,\delta y\,\delta z$를 생각하자. 위치 x에서 $+x$방향으로 진행하는 평면 진행파에 의한 음압을 p라고 하고, $x+\delta x$에서의 압력을 $p+dp$라고 하면, x방향에 대한 알짜 힘은 다음과 같이 주어진다.

$$F = p\delta y\,\delta z - (p + \frac{\partial p}{\partial x}\delta x)\delta y\,\delta z \;=\; -\frac{\partial p}{\partial x}\delta x\,\delta y\,\delta z \tag{4.99}$$

미소 체적을 하나의 질점으로 생각하고, x축 방향의 변위를 ξ, 입자속도를 u, 부피 밀도를 ρ 라고 하면, 뉴턴의 운동방정식은 다음과 같이 된다.

$$-\frac{\partial p}{\partial x}\delta x\,\delta y\,\delta z = \rho\frac{\partial u}{\partial t}\delta x\,\delta y\,\delta z \tag{4.100}$$

따라서 다음의 식이 얻어진다.

$$\rho\frac{\partial u}{\partial t} = -\frac{\partial p}{\partial x} \tag{4.101}$$

이 식은 유체에 있어서 가장 간단한 운동방정식으로서, **일차원 오일러 방정식**(1D Euler equation)이라고도 부른다.

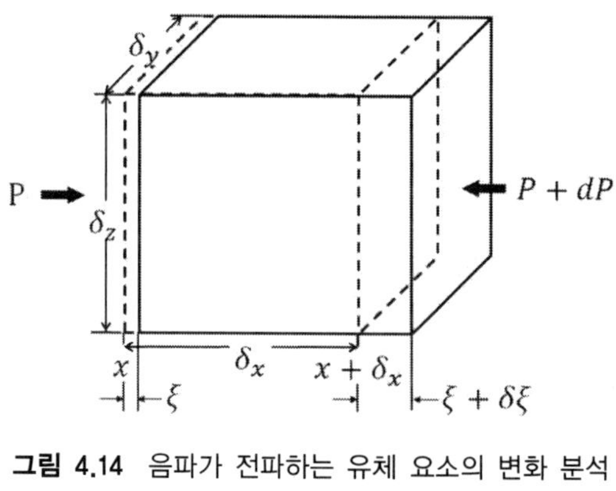

그림 4.14 음파가 전파하는 유체 요소의 변화 분석

(2) 연속방정식

음파가 전파해 오면 매질 내의 각 질점은 변위가 생기고 그 변위는 위치에 따라 다르다. 그림 4.14에서 x지점의 변위를 ξ라고 하고, $x+\delta x$지점의 변위를 $\xi+\delta\xi$라고 하면 왼쪽과 오른쪽 두 x면에서의 변위의 차이에 따른 부피 변화 dV는 다음과 같이 주어진다.

$$dV = (\xi + \frac{\partial \xi}{\partial x}\delta x)\delta y\,\delta z \;-\xi\delta y\,\delta z = \frac{\partial \xi}{\partial x}\delta V \tag{4.102}$$

여기서, 식 (3.6)에 나타낸 매질의 부피 탄성률 β에 의한 음압 p는 다음과 같이 나타낼 수 있다.

$$p = -\beta\frac{dV}{\delta V} \tag{4.103}$$

이에 식 (4.102)을 적용하면 다음의 식이 얻어진다.

$$p = -\beta\frac{\partial \xi}{\partial x} \tag{4.104}$$

이 식은 유체에서의 질량 불변을 나타내는 **일차원 연속방정식**(1D continuity equation)에 해당한다.

(3) 파동방정식

식 (4.104)에 나타낸 연속방정식을 시간에 대해 한번 미분하면 다음 식이 얻어진다.

$$\frac{\partial p}{\partial t} = -\beta\frac{\partial u}{\partial x} \tag{4.105}$$

한 번 더 미분하면 다음과 같이 된다.

$$\frac{\partial^2 p}{\partial t^2} = -\beta\frac{\partial^2 u}{\partial t\,\partial x} \tag{4.106}$$

한편, 식 (4.101)의 오일러 방정식을 위치에 대해 한번 미분하면 다음과 같이 된다.

$$\rho\frac{\partial^2 u}{\partial t\,\partial x} = -\frac{\partial^2 p}{\partial x^2} \tag{4.107}$$

식 (4.106)와 식 (4.107)으로부터 다음의 파동방정식이 얻어진다.

$$\frac{\partial^2 p}{\partial t^2} = c^2 \frac{\partial^2 p}{\partial x^2} \tag{4.108}$$

$$\text{단, } c = \sqrt{\frac{\beta}{\rho}}$$

여기서 c는 음파의 전파 속력이다. 여기서 부피 탄성률은 제3.3절에서 기술한 바와 같이 단열 상태변화에 대한 값 β_S를 사용해야 한다.

4.5.4 파동방정식의 해

앞에서도 언급한 바와 같이, 파동방정식은 변위나 압력 등의 변수를 시간에 대해 두 번 미분한 것은 위치에 대해 두 번 미분한 것과 비례하며, 그 비례상수가 전파 속력의 제곱임을 나타내는 방정식이다. 이하에서는 그 파동방정식의 해가 어떻게 되는지를 기술한다.

x방향으로 전파하는 평면파의 음압에 대한 파동방정식은 위의 식 (4.108)에 나타나 있다. 이 방정식을 풀어 p를 구하면 임의의 시간과 위치에서 음압을 알 수 있다. 음파의 파형이 복잡하게 변하는 경우 이 방정식의 해를 구하기는 쉽지 않다. 그러나 2장에서 배운 것처럼 시간에 대해서 일정한 주파수 ω를 가진 정현파가 전파되는 경우 그 해는 다음과 같이 생각하여 구할 수 있다. 먼저, 음압을 다음과 같이 가정한다.

$$p = \boldsymbol{P} e^{j\omega t} \tag{4.109}$$

여기서 $\boldsymbol{P}$은 복소 음압 진폭으로서 위치에 따라서만 값이 변하는 함수, 즉 위치만의 함수이다. 이것을 파동방정식인 식 (4.108)에 대입하면 다음 식이 얻어진다.

$$\frac{\partial^2 \boldsymbol{P}}{\partial x^2} + k^2 \boldsymbol{P} = 0 \tag{4.110}$$

여기서 $k = \omega / c$ 는 파수이다. 이 식을 **헬름홀츠 방정식**(Helmholtz equation)이라고 부른다. 이 헬름홀츠 방정식은 변수 t가 x로, ψ가 $\boldsymbol{P}$로, ω_0가 k로 바뀌었을 뿐 식 (2.3)의 단조화 운동의 기본방정식과 같은 2계 미분방정식이다. 따라서 그 일반해는 복소 지수함수로 나타내면 다음과 같이 주어진다.

$$\boldsymbol{P} = \boldsymbol{A}e^{-jkx} + \boldsymbol{B}e^{jkx} \tag{4.111}$$

여기서 $\boldsymbol{A}$, $\boldsymbol{B}$는 복소진폭으로서 경계조건에 의해 정해진다. 이것을 식 (4.109)에 대입하면 파동방정식의 일반해는 다음과 같이 된다.

$$p = \boldsymbol{A}e^{j(\omega t - kx)} + \boldsymbol{B}e^{j(\omega t + kx)} \tag{4.112}$$

이 식은 변위가 압력으로 바뀌었을 뿐 식 (4.12)와 같은 표현으로서, 우변 첫 번째 항은 $+x$방향으로 전파하는 파, 두 번째 항은 $-x$방향으로 전파하는 파를 나타낸다. 여기서 위상이 일정할 때, 즉 $\omega t \mp kx = const.$일 때, 그 전미분 $\omega dt \mp kdx = 0$이므로 다음의 식이 얻어진다.

$$\frac{dx}{dt} = \pm\frac{\omega}{k} \equiv \pm v_\phi \tag{4.113}$$

이것은 속도를 나타내는바, $+x$방향 전파에 대해서는 $+v_\phi$, $-x$방향 전파에 대해서는 $-v_\phi$의 속도를 가지는데, 이 v_ϕ가 식 (4.6)에 나타낸 **위상속도**이고, 그 위상속도의 크기 $|v_\phi|$가 전파 속력 c이다.

실제의 파동을 나타내는 식은 식 (4.26)의 실수부를 취하면 되므로 $+x$ 방향으로 전파하는 파는 다음과 같이 된다.

$$\begin{aligned} p &= Re\{\boldsymbol{A}e^{j(\omega t - kx)}\} \\ &= A\cos(\omega t - kx + \phi) \end{aligned} \tag{4.114}$$

여기서 복소진폭 $\boldsymbol{A} = Ae^{j\phi} = A\angle\phi$가 사용되었다. 이식은 변위가 음압으로 바뀌었을 뿐 식 (4.10)과 같다.

4.5.5 이차원 파동방정식과 정상파

그림 4.15와 같이 가장자리가 단위 길이 당의 장력 Γ[N/m]로 당겨지고 있는 **면밀도**(surface density) σ[kg/m^2], 가로의 길이가 L_x, 세로의 길이 L_y인 직사각형의 얇은 막에서 미소 면적 $dS = dxdy$를 생각하자. 그림에서 나타낸 것처럼 이 미소 면적요소에

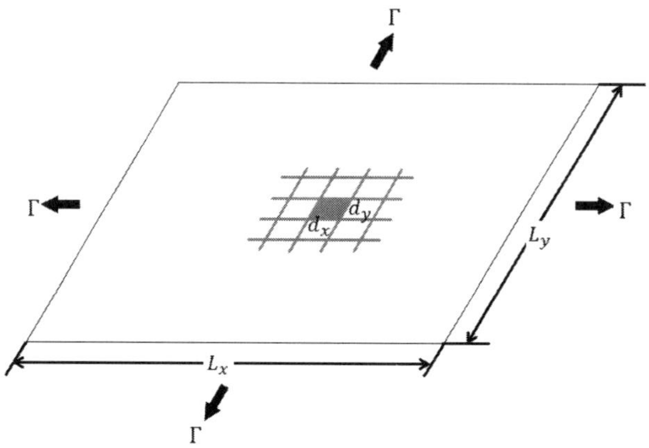

그림 4.15 얇은 막에 작용하는 힘

대해 x방향과 y 방향 각각에 작용하는 알짜 힘은 식 (4.86)을 고려하면 다음과 같이 주어진다.

$$x \text{ 방향 : } \Gamma dy\left[\left(\frac{\partial\psi}{\partial x}\right)_{x+dx} - \left(\frac{\partial\psi}{\partial x}\right)_x\right] = \Gamma\frac{\partial^2\psi}{\partial x^2}dxdy \tag{4.115a}$$

$$y \text{ 방향 : } \Gamma dx\left[\left(\frac{\partial\psi}{\partial y}\right)_{y+dy} - \left(\frac{\partial\psi}{\partial y}\right)_y\right] = \Gamma\frac{\partial^2\psi}{\partial y^2}dxdy \tag{4.115b}$$

이 두 힘의 합이 그 미소 면적요소에 작용하는 전체 알짜 힘이므로, 그에 대해 뉴턴의 운동방정식은 다음과 같다.

$$\Gamma dx\, dy\left(\frac{\partial^2\psi}{\partial x^2} + \frac{\partial^2\psi}{\partial y^2}\right) = \sigma dxdy\frac{\partial^2\psi}{\partial t^2} \tag{4.116}$$

이에 따라 다음의 **2차원 파동방정식**이 유도된다.

$$\frac{\partial^2\psi}{\partial x^2} + \frac{\partial^2\psi}{\partial y^2} = \frac{1}{c^2}\frac{\partial^2\psi}{\partial t^2} \tag{4.117}$$

$$\text{단, } c = \sqrt{\frac{\Gamma}{\sigma}}$$

전파 속력 c는 단위 길이 당의 장력 Γ이 크면 빨라지고, 면밀도 σ가 크면 늦어짐을 알 수 있다. 이 파동방정식의 해인 변위는 조화 진동파의 경우 다음과 같이 구해진다.

즉, 막 내의 임의 지점에서 변위가 시간에 대해서는 각주파수 ω로 일정하게 진동하므로 위치에 따른 변화와 시간에 따른 변화를 구분하여, 식 (4.109)과 같은 방법으로 다음과 같이 표시된다.

$$\psi = \boldsymbol{\Psi} e^{j\omega t} \tag{4.118}$$

여기서 복소 진폭 $\boldsymbol{\Psi}$은 위치에 따라서만 값이 변하는 함수, 즉 $\boldsymbol{\Psi} = \boldsymbol{\Psi}(x, y)$이다. 이것을 파동방정식인 식 (4.117)에 대입하면 다음의 **2차원 헬름홀츠 방정식**이 얻어진다.

$$\frac{\partial^2 \boldsymbol{\Psi}}{\partial x^2} + \frac{\partial^2 \boldsymbol{\Psi}}{\partial g^2} + k^2 \boldsymbol{\Psi} = 0 \tag{4.119}$$

여기서 $\boldsymbol{\Psi}$를 x만의 함수와 y만의 함수의 곱으로 두어 다음과 같이 나타낸다.

$$\boldsymbol{\Psi}(x, y) = \boldsymbol{X}(x)\boldsymbol{Y}(y) \tag{4.120}$$

이것을 식 (4.119)에 대입하면 다음의 식이 얻어진다.

$$\frac{1}{\boldsymbol{X}} \frac{d^2 \boldsymbol{X}}{dx^2} + \frac{1}{\boldsymbol{Y}} \frac{d^2 \boldsymbol{Y}}{dy^2} + k^2 = 0 \tag{4.121}$$

이 식에서는 $\boldsymbol{X}$와 $\boldsymbol{Y}$가 각각 x와 y만의 함수이기 때문에 편미분 대신 전미분을 사용하였다. 식 (4.121)가 막에서의 어떠한 위치에 있어서도 성립하기 위해서는 x와 y에 관한 항, 즉 좌변의 1항과 2항 각각이 일정한 상수가 되어야 한다. 그 점을 고려하여 상수인 파수 k항을 다음과 같이 둔다.

$$k^2 = k_x^2 + k_y^2 \tag{4.122}$$

이 때, k_x는 벡터 k의 x성분이고, k_y는 y성분으로 서로 수직이다. 이에 따라 다음과 같은 식이 얻어진다.

$$\frac{d^2 \boldsymbol{X}}{dx^2} + k_x^2 \boldsymbol{X} = 0 \tag{4.123a}$$

$$\frac{d^2 \boldsymbol{Y}}{dy^2} + k_y^2 \boldsymbol{Y} = 0 \tag{4.123b}$$

이들 각 식은 변수만 다를 뿐 단조화 진동의 기본방정식인 식 (2.3)과 같은 형태이다. 따라서 각 식의 해는 다음과 같이 나타낼 수 있다.

$$\boldsymbol{X}(x)= \boldsymbol{A}_x \cos(k_x x + \phi_x) \tag{4.124a}$$

$$\boldsymbol{Y}(y)= \boldsymbol{A}_y \cos(k_y y + \phi_y) \tag{4.124b}$$

이에 따라 식 (4.118)에 주어진 파동방정식의 일반해인 변위는 다음과 같이 된다.

$$\psi= \boldsymbol{A}\cos(k_x x + \phi_x)\cos(k_y y + \phi_y)e^{j\omega t} \tag{4.125}$$

단, $\boldsymbol{A} = \boldsymbol{A}_x \boldsymbol{A}_y = A\angle\theta$

여기서, $A, \theta, \phi_x, \phi_y$는 초기 조건 및 경계조건에 의해 구해진다.

한 예로서 막의 가장자리가 모두 고정되어 있어 항상 변위가 0인 경우에 변위가 어떻게 되는지에 대해 생각해 보자. 이에 대한 경계조건은 다음과 같이 된다.

$$\text{경계조건 : } \psi(0,y,t)= \psi(L_x,y,t)= \psi(x,0,t)= \psi(x,L_y,t)= 0 \tag{4.126}$$

이 조건을 위의 식 (4.125)에 대입하면 다음이 얻어진다.

$$\psi(0,y,t)= 0 \ \rightarrow \cos\phi_x = 0 \tag{4.127a}$$

$$\psi(x,0,t)= 0 \ \rightarrow \cos\phi_y = 0 \tag{4.127b}$$

즉, 다음과 같다.

$$\phi_x = \phi_y = \frac{\pi}{2} \tag{4.128}$$

이것을 식 (4.125)에 대입하면 다음의 식이 얻어진다.

$$\boldsymbol{\psi}(x,y,t) = -\boldsymbol{A}\sin k_x x \sin k_y y e^{j\omega t} \tag{4.129}$$

이 식은 식 (4.73)과 비교하면 알 수 있듯이 정상파를 나타내는데, **2차원 정상파**이다. 그리고 $\psi(L_x,y,t)= 0$와 $\psi(x,L_y,t)= 0$에서 $k_x L_x$와 $k_y L_y$는 $n\pi$가 되어야 한다. 즉, 각 파수는 다음과 같이 정해진다.

$$k_x = n\pi / L_x \ ; \quad n = 1,2,3, \cdots \tag{4.130a}$$

$$k_y = m\pi/L_y\,; \quad m = 1,2,3,\cdots \tag{4.130b}$$

이에 의하면 파수 k_x와 k_y가 각 변의 길이에 의해 정해지는 일정한 값만을 가지게 된다. 그리고 이에 따라 허용되는 주파수는 다음과 같다.

$$f_{nm} = \omega_{nm}/2\pi = (c/2)[(n/L_x)^2 + (m/L_y)^2]^{1/2} \tag{4.131}$$

이 식에 의해 정해지는 주파수를 **정규 모드 주파수**라고 한다. 즉, m과 n에 의한 것은 $(m,\ n)$ 모드 주파수라고 한다. 이상과 같이 주위가 강체 등에 고정되어 변위가 0이면 내부에는 정상파가 형성된다. 그것은 또한 주위가 자유로운 상태로 있는 경우에도 마찬가지다. 그림 4.16에는 몇 가지 모드에 대한 정상파의 모습을 도시하였다.

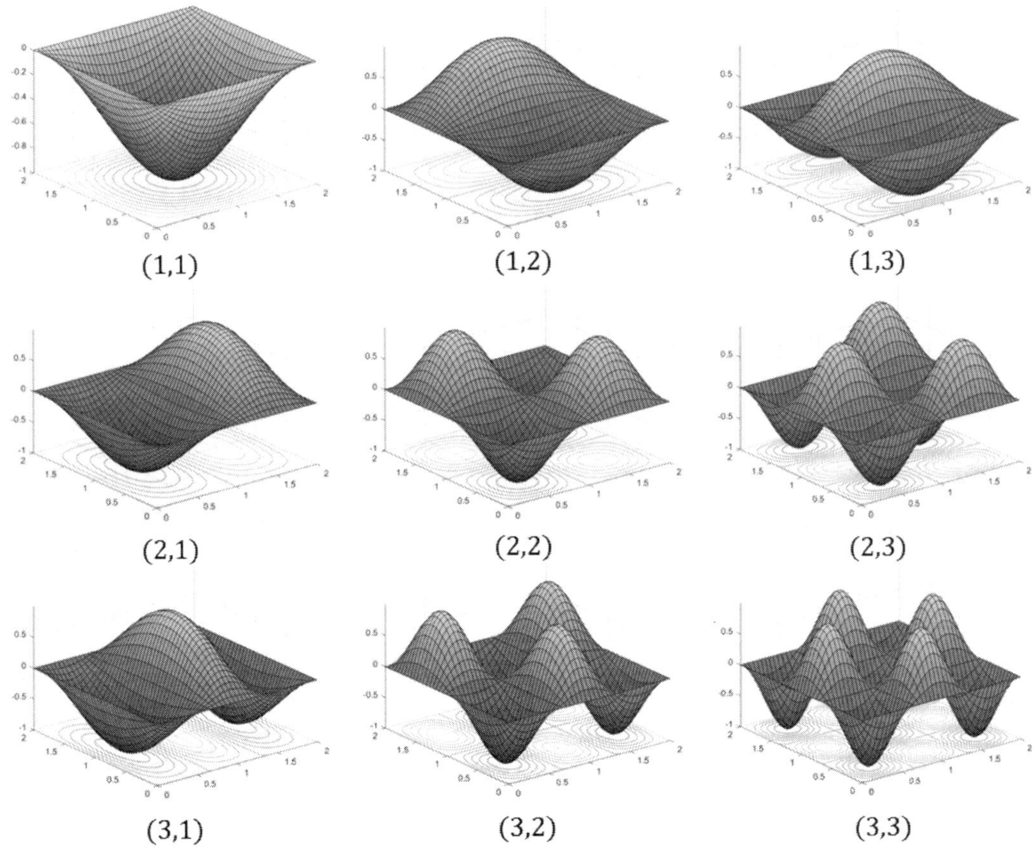

그림 4.16 이차원 정상파의 모드에 따른 변화 모습

4.5.6 삼차원 파동방정식의 표현

앞의 제4.5절에서 기술한 유체에서의 파동방정식은 변위나 속도가 벡터인 점을 고려하면 쉽게 3차원으로 확장할 수 있다. 즉, 제4.5절에서는 파동이 x방향으로만 전파하는 것으로 생각하여 그 방향에 대한 입자속도를 u라고 하였는데, 여기서는 3차원 공간상의 임의의 방향으로 전파하는 것을 고려하여 입자속도를 다음과 같이 벡터로 나타내자.

$$\vec{u} = u_x \hat{i} + u_y \hat{j} + u_z \hat{k} \tag{4.132}$$

여기서 $\hat{i}, \hat{j}, \hat{k}$는 x, y, z 방향을 나타내는 단위벡터이고, u_x, u_y, u_z는 그 각 방향에 대한 속도의 크기이다. 이에 따르면 식 (4.101)의 **오일러 방정식**은 각각의 방향에 대해 다음과 같이 나타내어진다.

$$\rho \frac{\partial u_x}{\partial t} = -\frac{\partial p}{\partial x} \tag{4.133a}$$

$$\rho \frac{\partial u_y}{\partial t} = -\frac{\partial p}{\partial y} \tag{4.133b}$$

$$\rho \frac{\partial u_z}{\partial t} = -\frac{\partial p}{\partial z} \tag{4.133c}$$

위 식들의 좌변의 합과 우변의 합을 고려하면 다음 식이 성립한다.

$$\rho \frac{\partial \vec{u}}{\partial t} = -\nabla p \tag{4.134}$$

이 식이 **3차원 공간에 대한 오일러 방정식**인데, 여기서, 델 연산자 ∇(nabla)는 다음과 같이 정의된 것이다.

$$\nabla \equiv \frac{\partial}{\partial x}\hat{i} + \frac{\partial}{\partial y}\hat{j} + \frac{\partial}{\partial z}\hat{k} \tag{4.135}$$

3차원 공간에서의 변위는 x, y, z 성분을 가지므로 식 (4.104)에 나타낸 일차원 연속방정식을 3차원으로 확장하면 다음과 같이 된다.

$$p = -\beta \frac{dV}{\delta V} = -\beta\left(\frac{\partial \xi_x}{\partial x} + \frac{\partial \xi_y}{\partial y} + \frac{\partial \xi_z}{\partial z}\right) \tag{4.136}$$

이것을 벡터의 스칼라 곱으로 나타내면 다음과 같다.

$$p = -\beta(\nabla \cdot \vec{\xi}) \tag{4.137}$$

이 식을 시간에 대해 한번 미분하면 다음과 같이 된다.

$$\frac{\partial p}{\partial t} = -\beta(\nabla \cdot \vec{u}) \tag{4.138}$$

다시 한번 시간에 대해 미분하면 다음과 같이 된다.

$$\frac{\partial^2 p}{\partial t^2} = -\beta\left(\frac{\partial^2 u_x}{\partial t\,\partial x} + \frac{\partial^2 u_y}{\partial t\,\partial y} + \frac{\partial^2 u_z}{\partial t\,\partial z}\right) \tag{4.139}$$

그리고 식 (4.134)의 오일러 방정식의 양변을 위치에 대해 한번 미분하면 다음과 같이 된다.

$$\rho\left\{\frac{\partial^2 u_x}{\partial t\,\partial x} + \frac{\partial^2 u_y}{\partial t\,\partial y} + \frac{\partial^2 u_z}{\partial t\,\partial z}\right\} = -\nabla^2 p \tag{4.140}$$

$$\text{단, } \nabla^2 = \frac{\partial^2}{\partial x^2} + \frac{\partial^2}{\partial y^2} + \frac{\partial^2}{\partial z^2}$$

여기서 연산자 ∇^2를 **라플라시안**(Laplacian)이라고 부른다. 식 (4.139)과 식 (4.140)으로부터 다음의 관계가 성립한다.

$$-\frac{\rho}{\beta}\frac{\partial^2 p}{\partial t^2} = -\nabla^2 p \tag{4.141}$$

이식은 다음과 같이 정리된다.

$$\frac{1}{c^2}\frac{\partial^2 p}{\partial t^2} = \nabla^2 p \tag{4.142}$$

$$\text{단, } c = \sqrt{\frac{\beta}{\rho}}$$

이 식이 3차원에 대한 파동방정식, 즉 **파동방정식의 일반적인 표현**이다. 여기서도 전술한 바와 같이 부피 탄성률 β에 대해서는 단열 부피 탄성률 β_S를 적용해야 함에 주의하여야 한다.

4.6 진행파 방정식

파동방정식의 해는 반드시 식 (4.112)나 식 (4.114)의 형태로만 주어지는 것은 아니다. 파동방정식을 만족하는 해는 여러 가지 형태로 주어질 수 있다. x방향으로만 전파하는 일차원 파동을 생각하면, 변위 $\psi(x,t)$ 또는 음압 $p(x,t)$가 $ct \pm x$의 함수이기만 하면 파동방정식은 만족이 되어, 그 함수는 해가 될 수 있다. 즉, $Z = ct \pm x$라고 했을 때, Z^2, e^{jwZ}, $\log Z$, $\sin Z$ 등의 모든 Z의 함수 $\psi(Z)$가 파동방정식을 만족하는 해가 된다. 이 Z에 의해 식 (4.114)를 나타내면 다음과 같이 된다.

$$p(Z) = A\cos(kZ + \phi) \tag{4.143}$$

단, $Z = ct - x$

이 식은 음압 $p = p(Z)$로서 Z만의 함수로 나타낸 것이다. 여기에서 다음과 같은 미분의 연쇄 법칙을 고려하자.

$$\frac{\partial p}{\partial t} = \left(\frac{\partial p}{\partial Z}\frac{\partial Z}{\partial t}\right) = \frac{dp}{dZ}\frac{\partial Z}{\partial t} = c\frac{dp}{dZ} \tag{4.144a}$$

$$\frac{\partial p}{\partial x} = \left(\frac{\partial p}{\partial Z}\frac{\partial Z}{\partial x}\right) = \frac{dp}{dZ}\frac{\partial Z}{\partial x} = -\frac{dp}{dZ} \tag{4.144b}$$

여기서는 p가 Z만의 함수이므로 편미분이 전미분으로 바뀌었다. 이 두 식을 비교하면 다음의 식이 얻어진다.

$$c\frac{\partial p}{\partial x} = -\frac{\partial p}{\partial t} \tag{4.145}$$

x방향으로 전파하는 진행파는 파동방정식과 더불어 이 식도 만족시키는데, 이 식 (4.145)을 **진행파 방정식**(travelling wave equation)이라고 부른다. 이 식은 변위에 대해서도 그대로 성립하는데, 변위에 대해서는 다음과 같이 나타내어진다.

$$c\frac{\partial \psi}{\partial x} = -\frac{\partial \psi}{\partial t} \tag{4.146}$$

이러한 진행파 방정식은 음압이나 변위의 시간에 대한 일차 미분과 공간에 대한 일차 미분간의 관계를 나타내는 것으로 파동방정식에서 파생되는 식이다.

CHAPTER 04 문 제

1. 스피커 콘(cone)을 지름이 20 cm인 평면의 원판으로 가정한다. 그 원판이 주파수 100 Hz, 음향 파워 1 W의 음파를 방사할 때, 콘 표면에서의 음향 강도와 최대 음압, 그리고 콘 진동의 최대 진폭을 구하라. 공기의 밀도는 $\rho = 1.2\ \mathrm{kg/m^3}$, 음속은 340 m/s로 둔다.

2. 길이 $L = 1.0$ m인 파이프가 있다. 공기의 음속 $c = 340$ m/s일 때, 다음 각 경우에 정규 모드의 기본주파수와 제 2고조파, 제 3고조파의 고유 주파수를 각각 구하라.
   (a) 양단이 열려 있을 경우
   (b) 한 쪽은 열리고 한 쪽은 닫혀 있는 경우

3. 공기 중에 한 쪽이 막혀있고 다른 한 쪽이 열려있는 길이 50 cm인 관이 있다. 이 관에서 형성되는 정상파의 기본주파수와 제 2, 제 3 고조파의 주파수는 얼마인가? 막혀있는 지점을 $x = 0$, 열려있는 지점을 $x = L$로 하였을 때, 관 내부에서 그 각 주파수에 대한 변위 ψ와 압력 p의 거리에 따른 변화를 모식적으로 그려라.

4. **도플러 현상**(doppler effect)이 무엇인지에 대해 조사한 후, 음원이 접근할 때와 멀어질 때 주파수 및 파장의 차이를 설명하라.

5. 절에서 범종을 타종하면 종은 앞뒤로 흔들리게 되어 도플러 현상이 생긴다. 따라서 종이 청취자 쪽으로 다가올 때 들리는 소리와 멀어질 때 들리는 소리의 주파수가 달라져 맥놀이 현상이 생긴다. 어떤 범종이 타격에 의해 4.0 m/s로 흔들리면서 300 Hz 의 음파를 발생시키고 있다. 맥놀이 주파수는 얼마인가? 단, 공기 중에서의 음속은 340 m/s이다.

CHAPTER 05

반사와 투과

5.1 줄에서의 펄스파 반사와 투과

그림 5.1(a)와 (b)와 같이 연결된 두 개의 다른 줄의 경우 한 쪽 줄에서 발생한 펄스가 그 접합부 $x=0$에 도달했을 때 어떤 현상이 생길 것인지를 생각하자. 그림 5.1(a)는 굵은 줄에서 가는 줄 쪽으로 펄스가 진행하고 있으며, 그림 5.1(b)는 그 반대의 경우이다. 제 3.5절에서 언급한 바와 같이 파동의 전파에 있어서 매질이 다르다는 것은 그 특성 임피던스가 다른 것을 말한다. 즉, 줄의 경우 $Z_m = \mu c$의 값이 다른 것을 말하므로,

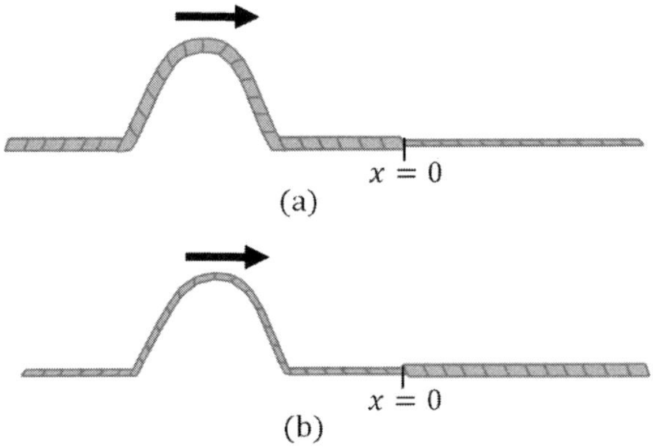

그림 5.1 다른 줄에 대한 펄스파의 입사

줄 1은 $Z_{m1} = \mu_1 c_1$, 줄 2는 $Z_{m2} = \mu_2 c_2$로 나타내어지고 $Z_{m1} = Z_{m2}$일 때는 같은 줄로 간주되어 반사가 생기지 않는다. 그러나 Z_{m1}과 Z_{m2}가 다를 경우에는 파가 갖는 에너지 일부는 반사하고 일부는 투과하게 된다.

5.1.1 특성 임피던스 차이가 극단적인 경우

먼저 그림 5.2(a)와 (b)에 나타낸 것처럼 두 줄의 특성 임피던스가 극단적으로 다를 경우를 생각해 보자. 그림 5.2(a)는 줄 2의 특성 임피던스가 대단히 커서 $Z_{m2} \simeq \infty$에 해당하는 경우인데, 오른쪽 끝단이 강체에 연결되어 있다고 보면 된다. 이 때 두 줄이 연결된 접합점은 움직이지 않는 고정 점이 된다. 즉, $x = 0$에서 언제나 변위 $\psi = 0$이다. 그리고 반사되는 파의 위상은 입사파와 반대가 된다. 반사파의 모습은 그림에서의 점선으로 나타낸 것처럼 경계면의 반대 지점에서 위상이 반대인 파가 왼쪽 방향으로 진행하고 있다고 가상하면 쉽게 이해할 수 있다. 한편, 그림 5.2(b)는 줄 2의 임피던스가 매우 작아서 $Z_{m2} \simeq 0$에 해당하는 경우, 즉 줄 1의 끝단이 진공이나 공기와 접하고 있는 경우에 해당한다. 이 때 두 줄이 연결된 접합점은 자유로이 움직이며, 줄 1의 오른쪽 끝단은 수직 방향으로의 힘을 받지 않아 언제나 수평을 향한다. 즉, $x = 0$에서 언제나 $\partial\psi/\partial x = 0$이다. 그리고 반사되는 파의 위상은 입사파와 같다. 반사파의 모습은 그림에서 점선으로 나타낸 것처럼 경계면의 반대 지점에서 위상이 동일한 파가 왼쪽으로 진행하고 있다고 가상하면 쉽게 이해할 수 있다. 접합점 $x = 0$에서 변위의 최대 진폭은 입사파의 두 배가

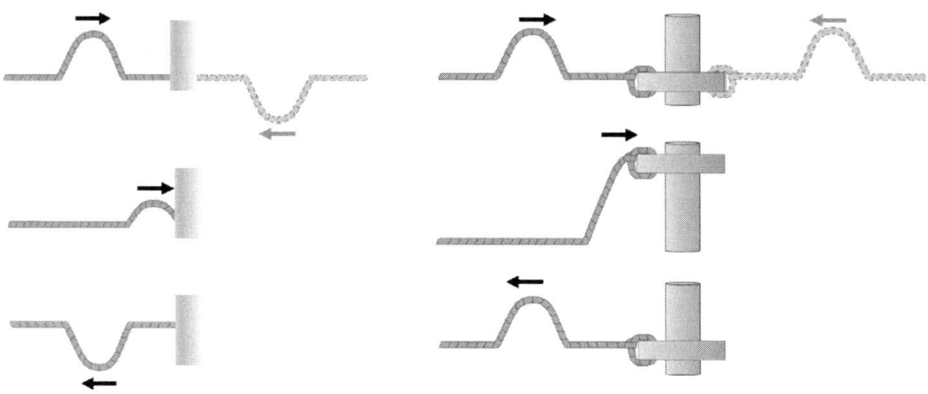

그림 5.2 특성 임피던스 차이가 극단적인 줄에서의 반사와 투과

된다. 즉, 자유 공간에 공기 등의 매질이 있다고 가정하면 그 매질의 수직 방향 입자 변위는 입사파의 거의 두 배가 된다.

5.1.2 음향특성임피던스 차이가 일반적인 경우

Z_{m1} 또는 Z_{m2}가 극단적으로 크거나 작지 않고 서로 다른, 즉 $Z_{m1} \neq Z_{m2}$인 일반적인 경우는 그림 5.3에 나타낸 것과 같이 반사파와 투과파의 모습이 변한다. 그림 5.3(a)는 임피던스가 작은 줄 1에서 임피던스가 큰 줄 2로 입사하는 파의 반사파와 투과파의 모습을 나타내고, 그림 5.3(b)는 임피던스가 큰 줄 1에서 임피던스가 작은 줄 2로 입사하는 파의 반사파와 투과파의 모습을 나타낸다.

각각의 경우 반사파의 위상은 그림 5.2에 나타낸 극단적인 경우와 같다. 그러나 진폭은 다음과 같이 변한다. 즉, 반사파의 진폭은 두 경우 모두 입사파보다 작아지고, 투과파의 진폭은 특성 임피던스가 작은 쪽에서 큰 쪽으로 입사하는 경우 입사파보다 작아지나, 특성 임피던스가 큰 쪽에서 작은 쪽으로 입사하는 경우에는 입사파보다 커진다. 이에 대해 수식적으로 고려하면 다음과 같다.

먼저, 경계 지점을 원점($x=0$)으로 하고 줄 1은 $-x$ 영역에, 줄 2는 $+x$ 영역에 있는 것으로 한다. 그러면 $-x$영역의 줄 1에는 입사파와 반사파가 존재하므로 변위 ψ_1는 그 둘의 합에 의해 다음과 같이 표시된다.

$$\psi_1 = \psi_i + \psi_r \tag{5.1}$$

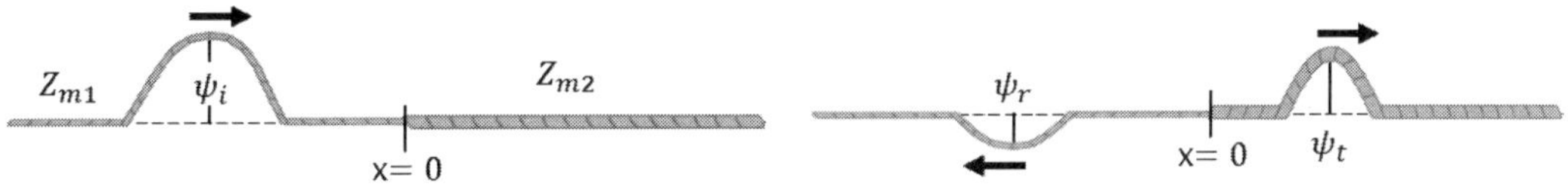

(a) $Z_{m1} < Z_{m2}$

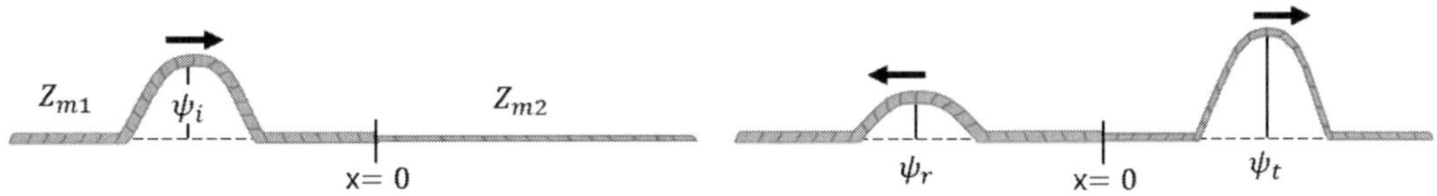

(b) $Z_{m1} > Z_{m2}$

그림 5.3 특성 임피던스가 다른 일반적인 줄에서의 반사와 투과

그리고 $+x$ 영역의 줄 2에는 투과파만 존재하므로 변위 ψ_2는 다음과 같다.

$$\psi_2 = \psi_t \tag{5.2}$$

여기서, ψ_i, ψ_r, ψ_t 는 각각 입사파, 반사파, 투과파의 변위를 나타낸다. 파의 전파에 있어서 두 줄이 연결된 경계 지점($x=0$)에서는 ψ방향으로 변위를 만드는 힘, 즉 구동력이 연속이어야 하고, 또한 변위가 연속이어야 한다. 여기서 연속이란 경계 지점에서 줄 1에 작용하는 구동력이나 변위가 줄 2에 작용하는 것과 같다는 것을 말한다. 이것이 줄을 따라 전파하는 횡파가 경계 지점에서 만족시켜야할 경계조건이다.

그림 3.5와 식 (3.27)에서 알 수 있는 바와 같이 경계 지점에서 줄을 구동시키는 힘은 그 줄에 걸린 장력과 다음의 관계에 있다.

$$F_{bond} =- T\left(\frac{\partial\psi}{\partial x}\right) \tag{5.3}$$

이 힘은 기계 임피던스 정의식을 고려하면 다음과 같이 나타낼 수 있다.

$$F_{bond} = Z_m\left(\frac{\partial\psi}{\partial t}\right) \tag{5.4}$$

여기서 Z_m는 매질에서의 기계 임피던스다. 따라서 입사파의 경우는 다음 식이 성립한다.

$$-T\left(\frac{\partial\psi_i}{\partial x}\right) = Z_{m1}\left(\frac{\partial\psi_i}{\partial t}\right) \tag{5.5}$$

여기서 Z_{m1}은 줄 1의 기계 임피던스다. 반사파의 경우에는 다음과 같이 된다.

$$T\left(\frac{\partial\psi_r}{\partial x}\right) = Z_{m1}\left(\frac{\partial\psi_r}{\partial t}\right) \tag{5.6}$$

이 두 식으로부터 다음 식이 얻어진다.

$$-T\left(\frac{\partial\psi_i}{\partial x}+\frac{\partial\psi_r}{\partial x}\right) = Z_{m1}\left(\frac{\partial\psi_i}{\partial t}-\frac{\partial\psi_r}{\partial t}\right) \tag{5.7}$$

이 힘이 경계면에서 매질 2를 구동시키는 힘이 된다. 즉, 다음의 식이 성립한다.

$$Z_{m1}\left(\frac{\partial\psi_i}{\partial t}-\frac{\partial\psi_r}{\partial t}\right) = Z_{m2}\left(\frac{\partial\psi_t}{\partial t}\right) \tag{5.8}$$

한편, 경계면에서 변위의 연속 조건($\psi_1 = \psi_2$)은 다음과 같이 표현된다.

$$\psi_i + \psi_r = \psi_t \tag{5.9}$$

그에 따라 다음의 식이 만족된다.

$$Z_{m2}\left(\frac{\partial \psi_t}{\partial t}\right) = Z_{m2}\left(\frac{\partial \psi_i}{\partial t} + \frac{\partial \psi_r}{\partial t}\right) \tag{5.10}$$

식 (5.8)과 식 (5.10)으로부터 다음의 식을 얻을 수 있다.

$$\left(\frac{\partial \psi_r}{\partial t}\right) = \left(\frac{Z_{m1} - Z_{m2}}{Z_{m1} + Z_{m2}}\right)\left(\frac{\partial \psi_i}{\partial t}\right) \tag{5.11}$$

또한, 이 식의 양변을 적분하면 다음 식이 얻어진다.

$$\psi_r = \left(\frac{Z_{m1} - Z_{m2}}{Z_{m1} + Z_{m2}}\right)\psi_i \tag{5.12}$$

따라서 경계에서의 입사파 변위와 반사파 변위의 비로서 정의되는 **변위의 반사계수**(displacement reflection coefficient)는 다음과 같이 얻어진다.

$$R \equiv \frac{\psi_r}{\psi_i} = \frac{Z_{m1} - Z_{m2}}{Z_{m1} + Z_{m2}} \tag{5.13}$$

이것은 입사파의 입자속도와 반사파의 입자속도의 비로서 정의되는 입자속도의 반사계수와 동일하다. 이 반사계수의 범위는 다음과 같다.

$$-1 \le R \le 1 \tag{5.14}$$

반사계수가 음(−)의 값을 가질 때 위상이 반전되어 반사한다. 이 반사계수를 고려하면 그림 5.2와 그림 5.3에 나타낸 반사파의 파형을 쉽게 이해할 수 있다.

한편, 식 (5.9)에 $\psi_r = R\psi_i$를 대입하면 입사파 변위와 투과파 변위의 비로서 정의되는 **변위의 투과계수**(displacement transmission coefficient)는 다음과 같이 된다.

$$T \equiv \frac{\psi_t}{\psi_i} = 1 + R = \frac{2Z_{m1}}{Z_{m1} + Z_{m2}} \tag{5.15}$$

이 식은 입자속도의 투과계수와 같으며 그 범위는 다음과 같다.

$$0 \leq T \leq 2 \tag{5.16}$$

줄 2의 특성 임피던스가 극단적으로 커서 $Z_{m2} \gg Z_{m1}$이면 투과계수는 거의 0이 되고, 줄 2의 특성 임피던스가 극단적으로 작아서 $Z_{m2} \ll Z_{m1}$이면 투과계수는 거의 2가 되는데, 그것은 그림 5.2에 나타낸 바와 같다. $Z_{m1} = Z_{m2}$이면 $R=0$, $T=1$가 되어 반사가 생기지 않고 모두 투과한다.

예제 5.1 어떤 줄이 특성 임피던스가 1/2인 다른 줄과 연결되어 있다. 반사파와 투과파의 변위는 입사파의 몇 배인가?

5.2 유체에서 음파의 반사와 투과

5.2.1 두 매질 경계에의 수직입사

(1) 음압의 반사계수와 투과계수

그림 5.4와 같이 $x=0$를 경계로 특성 임피던스가 다른 두 유체 매질이 접촉해 있을 때 그 경계면에 수직으로 입사하는 평면파의 반사와 투과에 대해 생각해 보자. 유체에서 전파되는 음파는 종파이므로 입자 변위 및 속도는 x방향으로만 생긴다. 그 변위 및

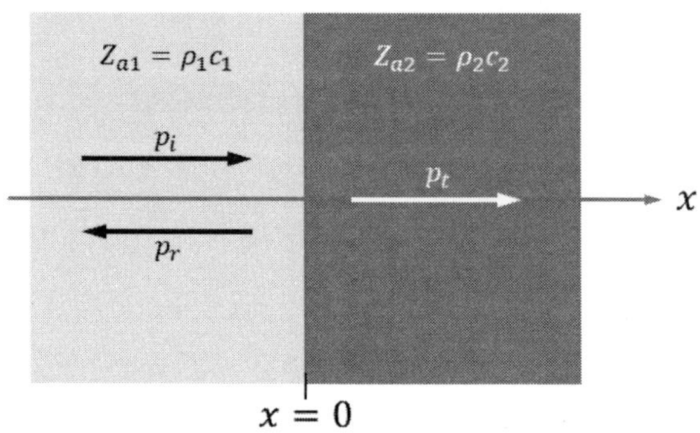

그림 5.4 다른 유체 매질에 수직 입사하는 파의 반사와 투과

속도에 대한 반사 및 투과 현상은 줄의 경우와 같다. 따라서 변위 및 입자속도의 반사계수 및 투과계수는 각각 식 (5.13)과 식 (5.15)와 같이 주어진다. 단지 이 경우에 매질 1의 특성 임피던스는 음향 특성 임피던스로서 $Z_{a1} = \rho_1 c_1$이고, 매질 2의 음향 특성 임피던스는 $Z_{a2} = \rho_2 c_2$이기 때문에 **변위나 입자속도의 반사계수**와 **투과계수**가 각각 다음과 같이 표현된다.

$$R_v = \frac{Z_{a1} - Z_{a2}}{Z_{a1} + Z_{a2}} = \frac{\rho_1 c_1 - \rho_2 c_2}{\rho_1 c_1 + \rho_2 c_2} \tag{5.17}$$

$$T_v = 1 + R_v = \frac{2 Z_{a1}}{Z_{a1} + Z_{a2}} = \frac{2 \rho_1 c_1}{\rho_1 c_1 + \rho_2 c_2} \tag{5.18}$$

여기서 반사계수와 투과계수에 아래 첨자 v를 붙인 것은 후술하는 음압의 반사 및 투과계수와 구별하기 위한 것이다.

음압의 반사계수 및 투과계수는 각주파수 ω인 정현 조화파를 대상으로 생각하면 다음과 같이 구해진다. 즉, 매질 1과 매질 2에서의 음압 파형을 복소 지수함수로 표기하면 다음과 같이 나타내어진다.

$$p_1 = p_i + p_r = A_1 e^{j(\omega t - k_1 x)} + B_1 e^{j(\omega t + k_1 x)} \tag{5.19a}$$

$$p_2 = p_t = A_2 e^{j(\omega t - k_2 x)} \tag{5.19b}$$

또한, 음향 특성 임피던스가 $+x$전파에 대해서는 p/u, $-x$전파에 대해서는 $-p/u$인 점을 고려하면 각 매질에서의 입자속도는 다음과 같이 주어진다.

$$u_1 = \frac{1}{Z_{a1}} \left\{ A_1 e^{j(\omega t - k_1 x)} - B_1 e^{j(\omega t + k_1 x)} \right\} \tag{5.20a}$$

$$u_2 = \frac{1}{Z_{a2}} A_2 e^{j(\omega t - k_2 x)} \tag{5.20b}$$

여기서 만족되어야할 경계조건은 경계면에서 음압과 입자속도가 연속인 조건이다. 즉, 다음과 같다.

$$p_1|_{x=0} = p_2|_{x=0} \tag{5.21a}$$

$$u_1|_{x=0} = u_2|_{x=0} \tag{5.21b}$$

따라서 다음의 식이 얻어진다.

$$A_1 + B_1 = A_2 \tag{5.22a}$$

$$\frac{A_1 - B_1}{Z_{a1}} = \frac{A_2}{Z_{a2}} \tag{5.22b}$$

위 두 식으로부터 입사파 음압과 반사파 음압의 비로 정의되는 **음압의 반사계수**(pressure reflection coefficient) R_p는 다음과 같이 구해진다.

$$\begin{aligned} R_p &\equiv \frac{p_r}{p_i}\Big|_{x=0} = \frac{B_1}{A_1} \\ &= \frac{Z_{a2} - Z_{a1}}{Z_{a1} + Z_{a2}} = \frac{\rho_2 c_2 - \rho_1 c_1}{\rho_1 c_1 + \rho_2 c_2} \end{aligned} \tag{5.23}$$

그리고 입사파 음압과 투과파 음압의 비로 정의되는 **음압의 투과계수**(pressure transmission coefficient) T_p는 음압의 투과계수는 다음과 같이 된다.

$$\begin{aligned} T_p &\equiv \frac{p_t}{p_i}\Big|_{x=0} = \frac{A_2}{A_1} \\ &= \frac{2Z_{a2}}{Z_{a1} + Z_{a2}} = \frac{2\rho_2 c_2}{\rho_1 c_1 + \rho_2 c_2} \end{aligned} \tag{5.24}$$

음압의 반사계수와 투과계수는 변위나 입자속도의 반사계수와 투과계수를 구하는 식에서 분자의 음향 특성 임피던스 Z_{a1}과 Z_{a2}가 서로 바뀜에 주의하여야 한다.

한편, 식 (5.23)과 식 (5.24)로부터 변위나 입자속도와 동일하게 음압에 대해서도 다음의 식이 성립함을 알 수 있다.

$$T_p = 1 + R_p \tag{5.25}$$

정리하면, 앞에서 기술한 변위 또는 입자속도의 반사계수 R_v 및 투과계수 T_v 와 음압의 반사계수 R_p 와는 다음의 관계가 성립한다.

$$R_v = -R_p \tag{5.26a}$$

$$T_v = R_p - 1 \tag{5.26b}$$

(2) 음향 강도의 반사계수와 투과계수

음향 강도의 반사계수는 입사파의 강도 I_i와 반사파의 강도 I_r의 비로서 정의되며, 투과계수는 입사파의 강도 I_i와 투과파의 강도 I_t의 비에 의해 정의된다. 그런데, 식 (4.24)에서 나타낸 바와 같이 평균 음향 강도 I_{av}는 실효 음압 P_{eff}와 다음의 관계에 있다.

$$I_{av} = \frac{P_{eff}^2}{\rho c} \tag{5.27}$$

음향 강도의 반사계수 R_I를 구하는데 있어서는 음향 특성 임피던스 ρc가 같으므로 다음과 같이 주어진다.

$$\begin{aligned} R_{\mathrm{I}} &\equiv \frac{I_r}{I_i} = \left(\frac{p_r}{p_i}\right)^2 \\ &= R_p^2 = \left(\frac{Z_{a2} - Z_{a1}}{Z_{a1} + Z_{a2}}\right)^2 \end{aligned} \tag{5.28}$$

한편, 음향 강도의 투과계수는 에너지 보존을 생각하면 쉽게 구해진다. 즉, 고려하고 있는 파가 수직으로 입사하는 평면파이므로 입사파가 통과하는 단면의 면적은 반사파와 투과파에서 서로 같다. 따라서 그 면적을 통하여 임의의 시간 동안 입사한 에너지는 반사파 에너지와 투과파 에너지의 합과 같다. 즉, 다음의 식이 성립한다.

$$\begin{aligned} T_{\mathrm{I}} &\equiv \frac{I_t}{I_i} = 1 - R_{\mathrm{I}} \\ &= \frac{4 Z_{a1} Z_{a2}}{(Z_{a1} + Z_{a2})^2} \end{aligned} \tag{5.29}$$

수직 입사하는 파는 음파가 통과하는 면적이 변하지 않으므로 식 (5.28)과 식 (5.29)는 음향 파워에 대해서도 동일하게 성립한다.

(3) 삼층 구조 매질에 수직 입사하는 파의 반사와 투과

그림 5.5와 같이 반 무한의 두 개의 매질 1과 매질 3 사이에 두께 L 인 매질 2가 존재하는 층상 구조에 있어서 매질 1로부터 경계면에 수직으로 음파가 입사하는 경우를 생각하자. 그림에 나타낸 것처럼 매질 1의 영역에 존재하는 입사파의 음압을 p_i , 반사파의 음압을 p_r 이라고 하고, 매질 2의 영역에 존재하는 $+x$ 방향 진행파와 $-x$ 방향 진행파의 음압을 각각 p_a 와 p_b, 매질 3의 영역에 존재하는 투과파의 음압을 p_t 라고 하면, 각각의 파는 다음과 같이 나타낼 수 있다.

$$\text{매질 1 :} \quad p_i = A_1 e^{j(\omega t - k_1 x)} \; ; \quad p_r = B_1 e^{j(\omega t + k_1 x)} \tag{5.30a}$$

$$\text{매질 2 :} \quad p_a = A_2 e^{j(\omega t - k_2 x)} ; \quad p_b = B_2 e^{j(\omega t + k_2 x)} \tag{5.30b}$$

$$\text{매질 3 :} \quad p_t = A_3 e^{j(\omega t - k_3 x)} \tag{5.30c}$$

매질 1에서는 $p_i + p_r$ 의 음압이 존재하고, 매질 2에서는 $p_a + p_b$ 의 음압이 존재하는데 그것이 $x = 0$ 인 경계면에서는 서로 같아야 한다. 즉, $x = 0$ 에서의 음압의 경계조건은 다음과 같다.

$$A_1 + B_1 = A_2 + B_2 \tag{5.31}$$

그리고 $x = 0$ 에서의 입자속도의 경계조건은 각 파의 음향 특성 임피던스를 생각하면 다음과 같다.

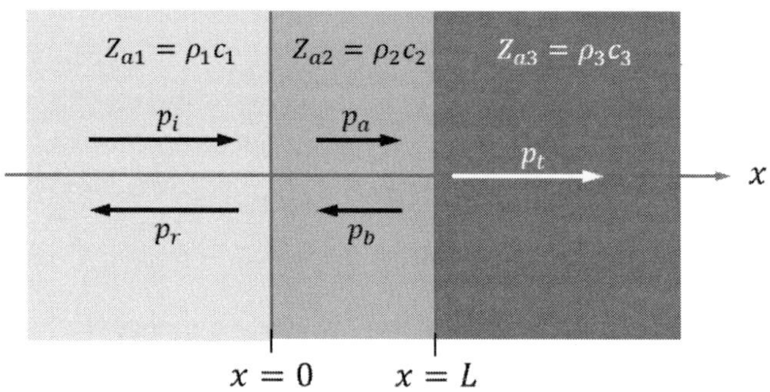

그림 5.5 삼층 구조 유체 매질에 수직 입사하는 파의 반사와 투과

$$\frac{A_1}{Z_{a1}} - \frac{B_1}{Z_{a1}} = \frac{A_2}{Z_{a2}} - \frac{B_2}{Z_{a2}} \tag{5.32}$$

이 식을 정리하면 다음 식이 얻어진다.

$$(A_1 - B_1) = \frac{Z_{a1}}{Z_{a2}}(A_2 - B_2) \tag{5.33}$$

식 (5.31)와 식 (5.33)의 양변을 서로 나누면 다음 식이 얻어진다.

$$\frac{A_1 + B_1}{A_1 - B_1} = \frac{Z_{a2}}{Z_{a1}} \frac{A_2 + B_2}{A_2 - B_2} \tag{5.34}$$

한편, $x = L$ 에서의 음압이 연속인 경계조건으로부터 다음 식이 얻어진다.

$$A_2 e^{-jk_2L} + B_2 e^{jk_2L} = A_3 e^{-jk_3L} \tag{5.35}$$

그리고 $x = L$ 에서의 입자속도의 경계조건은 다음과 같다.

$$A_2 e^{-jk_2L} - B_2 e^{jk_2L} = \frac{Z_{a2}}{Z_{a3}} A_3 e^{-jk_3L} \tag{5.36}$$

식 (5.35)를 식 (5.36)으로 나누면 다음이 얻어진다.

$$\frac{A_2 e^{-jk_2L} + B_2 e^{jk_2L}}{A_2 e^{-jk_2L} - B_2 e^{jk_2L}} = \frac{Z_{a3}}{Z_{a2}} \tag{5.37}$$

식 (5.34)와 식 (5.37)로부터 음압의 반사계수는 다음과 같이 얻어진다.

$$R_p \equiv \frac{p_r}{p_i}\Big|_{x=0} = \frac{B_1}{A_1} = \frac{(1 - Z_{a1}/Z_{a3})\cos k_2 L + j(Z_{a2}/Z_{a3} - Z_{a1}/Z_{a2})\sin k_2 L}{(1 + Z_{a1}/Z_{a3})\cos k_2 L + j(Z_{a2}/Z_{a3} + Z_{a1}/Z_{a2})\sin k_2 L} \tag{5.38}$$

이 반사계수는 일반적으로 복소수이다. 그리고 음향 강도의 반사계수는 그 복소수 크기의 제곱, 즉 $T_I = |R_p|^2$ 이다. 그에 따라 음향 강도의 투과계수는 다음과 같이 구해진다.

$$\begin{aligned} T_I &= 1 - |R_p|^2 \\ &= \frac{4}{2 + (Z_{a3}/Z_{a1} + Z_{a1}/Z_{a3})\cos^2 k_2 L + (Z_{a2}^2/Z_{a1}Z_{a3} + Z_{a1}Z_{a3}/Z_{a2}^2)\sin^2 k_2 L} \end{aligned} \tag{5.39}$$

위 두 식의 유도과정은 다소 복잡하나 흡음벽의 설치나 초음파 변환자의 설계에 있어서의 음향정합층 설계 등에 매우 유용하게 사용되는 식이다. 특히, 투과계수의 식이 중요한데, 그 식으로부터 다음과 같은 특수한 경우에 대한 음파의 투과를 고려할 수 있다.

가. 매질 2의 두께가 반 파장의 정수배일 때

매질 2의 두께가 1/2파장의 정수배일 때, 즉 다음의 경우를 생각하자.

$$L = \frac{\lambda_2}{2} n \ ; \quad n = 0, 1, 2, \cdots \tag{5.40}$$

이 때는 $\sin k_2 L = 0$ 가 되므로 식 (5.38)에 주어진 음압의 반사계수는 다음과 같이 된다.

$$R_p = \frac{Z_{a3} - Z_{a1}}{Z_{a1} + Z_{a3}} \tag{5.41}$$

이것은 식 (5.23)에서 알 수 있는 바와 같이 매질 2는 무시되고 매질 1이 매질 3에 직접 접해 있는 경우와 같은 상태가 된다. 따라서 음향 강도의 투과계수는 식 (5.29)과 같이 다음과 같이 구해진다.

$$T_{\mathrm{I}} = \frac{4Z_{a1}Z_{a3}}{(Z_{a1} + Z_{a3})^2} \tag{5.42}$$

나. 매질 2의 두께가 1/4파장의 홀수 배이고 임피던스가 매질 1과 매질 3의 기하평균일 때

매질 2의 두께가 1/4파장의 홀수 배일 때, 즉 다음의 경우를 생각하자.

$$L = \frac{\lambda_2}{4}(2n+1); \qquad n = 0, 1, 2, \cdots \tag{5.43}$$

이 때는 $\cos k_2 L = 0$ 가 된다. 이에 부가하여 매질 2의 음향 특성 임피던스가 매질 1과 매질 3의 기하평균, 즉 $Z_{a2} = \sqrt{Z_{a1}Z_{a3}}$ 가 되면 식 (5.38)에 주어진 음압의 반사계수는 0이 되고, 음향 강도의 투과계수 $T_{\mathrm{I}} = 1$ 이 되어 모든 음파의 에너지가 매질 2를 통과하여 완전투과한다. 이 때 매질 2는 **음향정합층**(acoustic matching layer)의 역할을 한다.

잠수함 등 수중물체나 초음파 변환자의 설계 등에서는 종종 이러한 조건을 갖추는 음향정합층을 그 변환자의 표면에 부착시켜 음파가 반사하지 못하도록 한다.

다. 매질 1과 매질 3이 같을 때

공기 또는 수중에 두께 L인 벽이나 판자가 음파의 전파 방향에 수직으로 놓여 있는 경우 등이 이에 해당한다. 이 때 식 (5.39)로부터 얻어지는 음향 강도의 투과계수는 다음과 같다.

$$T_{\mathrm{I}} = \frac{4}{4+(Z_{a2}/Z_{a1}-Z_{a1}/Z_{a2})^2\sin^2 k_2L} \tag{5.44}$$

매질 2의 음향 특성 임피던스가 매질 1이나 매질 3보다 충분히 크다면 다음과 같이 된다.

$$T_{\mathrm{I}} = \frac{4}{4+(Z_{a2}/Z_{a1})^2\sin^2 k_2L} \tag{5.45}$$

나아가 k_2L이 작다면, 즉 매질 2의 두께가 파장에 비해 작아서 $k_2L \ll 1$이면 $\sin k_2L \simeq k_2L$이므로 다음과 같이 근사 된다.

$$T_{\mathrm{I}} = \frac{4}{4+(Z_{a2}/Z_{a1})^2(k_2L)^2} \tag{5.46}$$

물론, 두께가 매우 작아서 $k_2L \simeq 0$ 이면 $T_I \simeq 1$로서 거의 모든 음향에너지가 투과하게 된다.

예제 5.2 물 위에 얇은 막을 덮어서 공기에서 물속으로 1.0 kHz의 소리를 완전히 투과시키고 싶다. 음향 특성 임피던스가 얼마인 물질의 막을 사용해야하며, 최소 두께는 얼마로 해야 하는가?

5.2.2 유체 매질 경계에의 경사 입사

그림 5.6과 같이 두 매질의 경계면에 경사지게 음파가 입사하는 경우의 반사계수와 투과계수에 대해 알아보자. 이 때는 두 매질 중 하나가 고체이면 종파 이외에도 횡파가

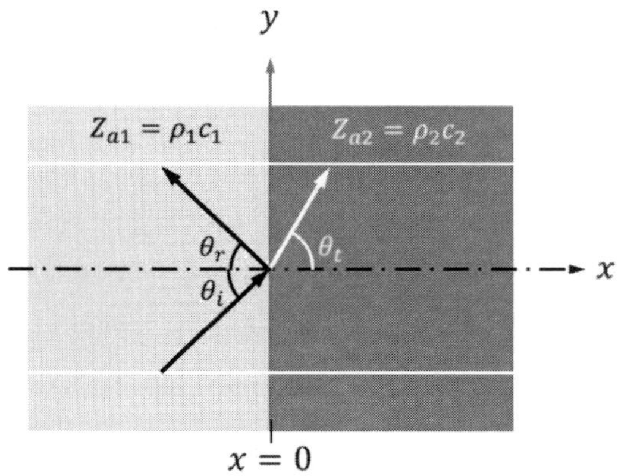

그림 5.6 유체 경계면에의 경사 입사에 따른 반사와 투과

발생한다는 점에 주의해야 한다. 그러나 여기서는 두 매질이 다 유체로서 종파만 존재하는 경우에 대해서 고려한다. 입사파가 경계면에 수직인 법선에 대해 θ_i의 각도를 가지고 입사하는 경우 각각의 파의 음압은 다음과 같이 나타낼 수 있다.

$$\text{입사파}: \quad p_i = A_1 e^{j(\omega t - k_1 \cos\theta_i x - k_1 \sin\theta_i y)} \tag{5.47a}$$

$$\text{반사파}: \quad p_r = B_1 e^{j(\omega t + k_1 \cos\theta_r x - k_1 \sin\theta_r y)} \tag{5.47b}$$

$$\text{투과파}: \quad p_t = A_2 e^{j(\omega t - k_2 \cos\theta_t x - k_2 \sin\theta_t y)} \tag{5.47c}$$

$x = 0$인 경계면에 있어서 음압이 연속인 경계조건으로부터 다음 식이 얻어진다.

$$A_1 e^{-jk_1 \sin\theta_i y} + B_1 e^{-jk_1 \sin\theta_r y} = A_2 e^{-jk_2 \sin\theta_t y} \tag{5.48}$$

이 식은 y 값에 상관없이 항상 성립하여야 한다. 그러기 위해서는 좌변이 우변과 같이 하나의 지수함수 형태로 나타나야 한다. 즉, 다음의 식이 성립해야 한다.

$$\sin\theta_i = \sin\theta_r \tag{5.49}$$

이 식은 입사각과 반사각이 같음을 나타낸다. 즉, $\theta_i = \theta_r$ 이다. 이에 따라 식 (5.48)은 다음과 같이 된다.

$$(A_1 + B_1) e^{-jk_1 \sin\theta_i y} = A_2 e^{-jk_2 \sin\theta_t y} \tag{5.50}$$

또한, 이 식이 성립하려면 같은 지수함수이어야 하므로 다음의 관계가 성립한다.

$$k_1 \sin\theta_i = k_2 \sin\theta_t \tag{5.51}$$

파수 $k = \omega/c$에서 주파수인 ω는 변하지 않으므로 다음의 식이 성립한다.

$$\frac{\sin\theta_i}{c_1} = \frac{\sin\theta_t}{c_2} \tag{5.52}$$

이 식을 **스넬의 법칙**(Snell's Law)이라고 부른다. 이 법칙에 따르면 매질 1과 매질 2의 음속이 다를 때 입사각 θ_i와 투과각 θ_t는 달라져 투과한 음파는 직진하지 않고 **굴절**(refraction)하게 된다. 매질 2로 투과한 음파가 경계면에 대해 수직인 법선과 이루는 각 θ_t를 굴절각이라고도 부른다.

식 (5.50)에서 지수함수가 모두 같으므로 다음과 같이 된다.

$$A_1 + B_1 = A_2 \tag{5.53}$$

그리고 이 식의 양변을 A_1으로 나누면 앞의 식 (5.25)에 나타낸 음압의 반사계수와 투과계수와의 다음 관계식이 얻어진다.

$$1 + R_p = T_p \tag{5.54}$$

한편, 입자속도에 대한 경계조건은 $x = 0$에서 입자속도의 수직 성분이 연속이어야 한다. 즉, 다음과 같다.

$$u_i \cos\theta_i + u_r \cos\theta_r = u_t \cos\theta_t \tag{5.55}$$

이 식에, $\theta_i = \theta_r$ 과 $u_i = p_i/Z_{a1}$, $u_r = -p_r/Z_{a1}$, $u_t = p_t/Z_{a2}$ 를 각각 대입하고 정리하면 다음 식이 얻어진다.

$$1 - R_p = \frac{Z_{a1}}{Z_{a2}} \frac{\cos\theta_t}{\cos\theta_i} T_p \tag{5.56}$$

식 (5.54)과 이 식 (5.56)을 이용하여 음압의 반사계수 R_p와 투과계수 T_p를 구하면 각각 다음과 같다.

$$R_p = \frac{Z_{a2}\cos\theta_i - Z_{a1}\cos\theta_t}{Z_{a2}\cos\theta_i + Z_{a1}\cos\theta_t} \tag{5.57a}$$

$$T_p = \frac{2Z_{a2}\cos\theta_i}{Z_{a2}\cos\theta_i + Z_{a1}\cos\theta_t} \tag{5.57b}$$

이 식들은 수직입사($\theta_i = \theta_t = 0$)일 때 식 (5.23) 및 식 (5.24)과 일치한다.

음파의 굴절 특성을 더욱 상세히 파악하기 위해 입사각과 투과각의 관계를 좀 더 자세히 살펴보자. 스넬의 법칙으로부터 매질 2의 음속 c_2가 매질 1의 음속 c_1보다 작을 때 투과각은 입사각보다 작아진다. 즉, $c_2 < c_1$ 일 때는 $\theta_t < \theta_i$가 되어 그림 5.7(a)와 같이 수직 법선 쪽으로 굴절한다. 반대로 매질 2의 음속이 매질 1보다 클 때 투과각은 입사각보다 커진다. 즉, $c_2 > c_1$ 일 때는 $\theta_t > \theta_i$가 되어 그림 5.7(b)와 같이 경계면 쪽으로 굴절한다. 그와 같이 꺾이는 것은 각 파수 벡터의 y성분, 즉 k_y가 모든 파에서 같기 때문이다. 다시 말해서 음속이 느리면 파수 벡터의 크기가 커지고, 음속이 빨라지면 파수 벡터의 크기가 작아지는데, 그 각각 크기에 $\sin\theta_i$와 $\sin\theta_t$를 곱한 것이 같기 위해서는 그와 같은 방향으로 굴절되어야 한다.

$c_2 > c_1$일 때 입사각이 점점 커지면 굴절각도 점점 증가하여 $\theta_t = 90°$, 즉 투과파가 경계면을 따라 전파하게 될 것이다. 그 때의 입사각을 **임계각**(critical angle)이라고 하는데, 그 각은 스넬의 법칙으로부터 다음과 같이 구해진다.

$$\theta_i = \theta_c = \sin^{-1}\left(\frac{c_1}{c_2}\right) \tag{5.58}$$

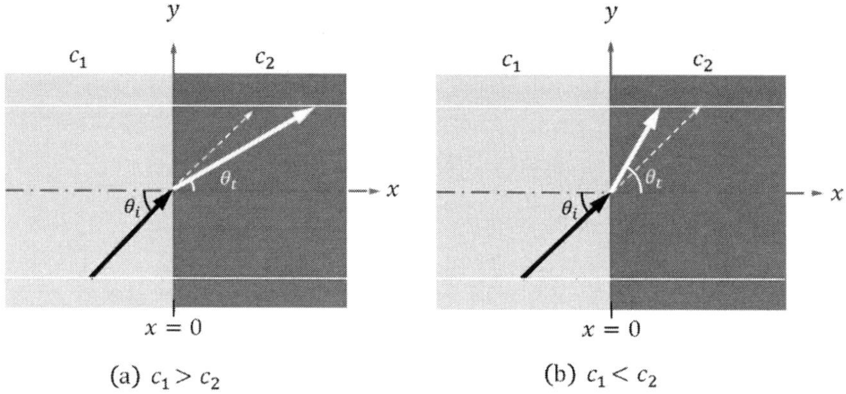

그림 5.7 음속 차에 따른 굴절각의 변화

$c_2 > c_1$ 인 상태에서 입사각이 임계각보다 클 때의 현상은 다음과 같이 해석할 수 있다. 먼저, 삼각함수 공식과 스넬의 법칙으로부터 다음 식이 얻어진다.

$$\cos\theta_t = (1-\sin^2\theta_t)^{1/2} = \left\{1-(\frac{c_2}{c_1}\sin\theta_i)^2\right\}^{1/2} \tag{5.59}$$

이 $\cos\theta_t$의 값은 $(c_2/c_1)\sin\theta_i > 1$이면 순허수가 된다. 이 경우 $\cos\theta_t$는 다음과 같이 나타낼 수 있다.

$$\cos\theta_t = j\left\{\left(\frac{c_2}{c_1}\sin\theta_i\right)-1\right\}^{1/2} \tag{5.60}$$

단, $j=\sqrt{-1}$

이것을 식 (5.47c)에 나타낸 투과파의 음압에 적용하면 다음과 같이 된다.

$$p_t = A_2 e^{-\alpha x} e^{j(wt-k_2\sin\theta_i y)} \tag{5.61}$$

단, $\alpha = k_2\left\{(c_2/c_1)^2\sin^2\theta_i - 1\right\}^{1/2}$

이 투과파는 y축을 따라 $k_2\sin\theta_i$인 파수로 전파하는데, x방향, 즉 깊이 방향으로는 감쇠하는 파이다. 이러한 파를 **소멸파** 또는 **에바네센트파**(evanescent wave)라고 부른다. 깊이 방향의 감쇠계수가 α 이다. 그리고, $\cos\theta_t$가 순허수가 되면 반사계수가 복소수가 되어 크기와 위상을 갖는다. 이 때 식 (5.57a)에서 알 수 있는 바와 같이 반사계수 R_p는 분모와 분자가 서로 공액복소수가 된다. 따라서 분모와 분자의 크기가 같아지므로 반사계수의 크기는 1이 된다. 즉, 다음과 같이 되는데, 이것을 **전반사**(total reflection)라고 부른다.

$$|R_p| = 1 \tag{5.62}$$

그러나 반사계수의 위상은 입사각에 따라 달라진다. 그리고 식 (5.57b)로 주어지는 음압의 투과계수는 입사각에 따라 크기와 위상이 다른 복소수가 된다.

식 (5.57a)에서 알 수 있는 바와 같이 $Z_{a2}\cos\theta_i = Z_{a1}\cos\theta_t$이면 음압의 반사계수는 0이 되고, 그에 따라 음압의 투과계수는 1이 되는데, 이 입사각을 **전투과각**(intromission angle)이라고 부른다.

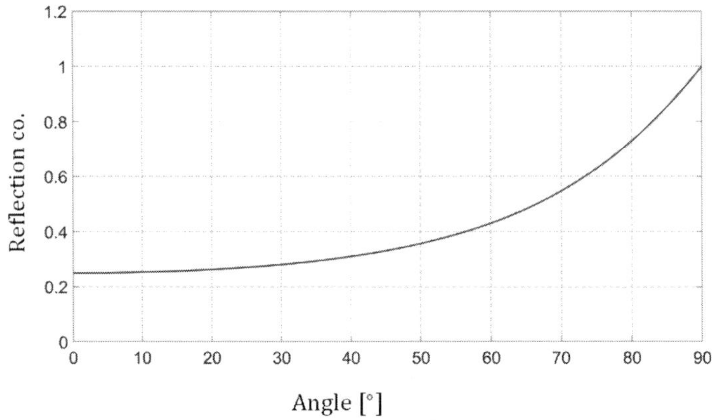

(a) 물/에탄올

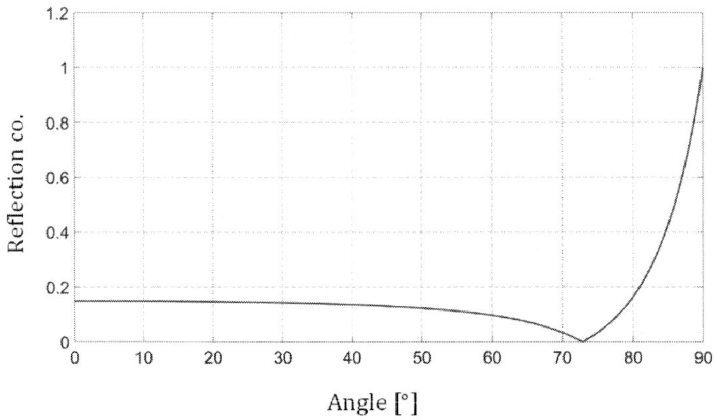

(b) 물/수은

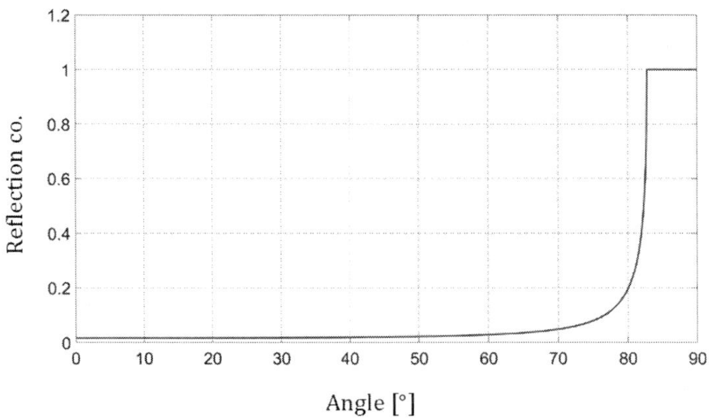

(c) 물/바닷물

그림 5.8 몇 가지 유체경계에 있어서 입사각에 따른 반사계수 크기의 변화

그림 5.8은 몇 가지 경우에 대해 입사각에 따라서 음압의 반사계수와 투과계수가 어떻게 변하는지에 대한 예를 보여 준다. 여기서 물의 음속은 1500 m/s, 밀도는 1000 kg/m^3, 에탄올은 음속 1150 m/s, 밀도 789 kg/m^3, 수은은 음속 1450 m/s, 밀도 1350 kg/m^3, 바닷물은 음속 1513 m/s, 밀도 1025 kg/m^3로 두었다. 그림 5.8(b)의 물과 수은의 경계에서는 약 73° 부근에서 전투과각, 그리고 그림 5.8(c)의 물과 바닷물의 경계에서는 약 83° 부근에서 전반사각이 생기는 것을 볼 수 있다.

예제 5.2 바다에서 음속 1700 m/s, 밀도 1200 kg/m^3인 펄 위에 음속 1500 m/s, 밀도 1000 kg/m^3인 물이 있다. 물에서 방사된 음파가 펄로 입사한다. (a) 수직 입사할 때의 음압 반사계수와 투과계수 및 (b) 임계각과 전투과각을 각각 구하라.

한편 두 개의 매질에 경사지게 입사하는 음파에 대한 **음향 강도의 투과계수**를 구할 때는 그림 5.9와 같이 균일한 강도를 갖은 면적 S인 음향 빔을 고려해야 하는데, 입사 빔이 통과하는 단면적과 투과 빔이 통과하는 단면적이 달라지므로 주의해야 한다. 그러나 음향에너지와 관련되는 음향 파워의 측면에서는 수직입사와 동일하게 입사 파워에서 반사 파워를 뺀 것이 투과 파워이므로 파워 투과계수는 수직 입사에 의한 음향강도의 투과 계수를 나타내는 식 (5.39)과 동일한 형태로 다음과 같이 주어진다.

$$T_{pow} = 1 - |R_p|^2 \tag{5.63}$$

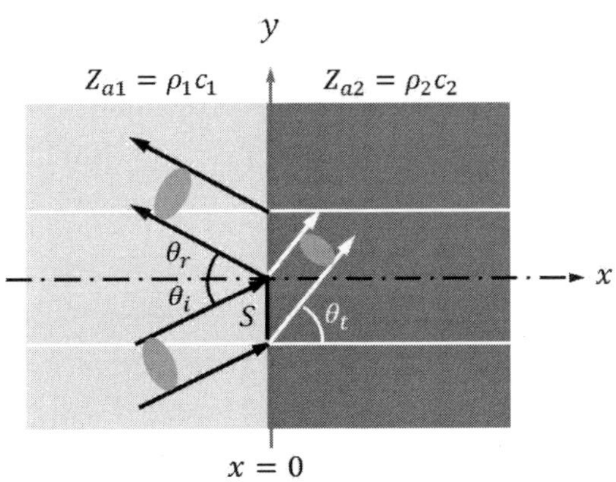

그림 5.9

이 값은 $\cos\theta_t$가 실수일 때는 식 (5.57a)로부터 다음과 같이 구해진다.

$$T_{pow} = \frac{4Z_{a1}Z_{a2}\cos\theta_i\cos\theta_t}{(Z_{a1}\cos\theta_t + Z_{a2}\cos\theta_i)^2} \tag{5.64}$$

그러나 $\cos\theta_t$가 순허수일 때는 전반사하여 앞에서 언급한 바와 같이 매질 2로 투과하는 파워가 없으므로 다음과 같이 된다.

$$T_{pow} = 0 \tag{5.65}$$

음향 강도의 반사계수와 투과계수는 강도가 단위 면적당의 파워이므로 입사파와 투과파가 통과하는 면적을 고려하여 다음과 같이 구한다. 즉, 각 파의 파워를 W, 경계면에서의 빔의 폭을 S라고 하면, 입사파의 강도는 그림 5.9에서 알 수 있는 바와 같이 다음 식으로 얻어진다.

$$\mathrm{I}_i = \frac{W_i}{S\cos\theta_i} \tag{5.66}$$

그리고 반사파의 강도는 다음과 같이 표현된다.

$$\mathrm{I}_r = \frac{W_r}{S\cos\theta_r} \tag{5.67}$$

또한, 투과파의 강도는 다음과 같다.

$$\mathrm{I}_t = \frac{W_t}{S\cos\theta_t} \tag{5.68}$$

따라서 강도의 반사계수는 다음과 같이 된다.

$$\begin{aligned} R_{\mathrm{I}} &= \frac{\mathrm{I}_r}{\mathrm{I}_i} = \frac{W_r}{W_i}\frac{\cos\theta_i}{\cos\theta_r} \\ &= \frac{W_r}{W_i} = \frac{p_r^2/\rho c}{p_i^2/\rho c} = R_p^2 \end{aligned} \tag{5.69}$$

그러나 강도 투과계수는 다음과 같이 된다.

$$
\begin{aligned}
T_{\mathrm{I}} &= \frac{\mathrm{I}_t}{\mathrm{I}_i} = \frac{W_t}{W_i}\frac{\cos\theta_i}{\cos\theta_t} \\
&= \left(1 - R_{\mathrm{I}}\right)\frac{\cos\theta_i}{\cos\theta_t} = \left(1 - R_p^2\right)\frac{\cos\theta_i}{\cos\theta_t} \\
&= \frac{4Z_{a1}Z_{a2}\cos^2\theta_i}{\left(Z_{a1}\cos\theta_t + Z_{a2}\cos\theta_i\right)^2}
\end{aligned}
\tag{5.70}
$$

경사 입사의 경우에는 일반적으로 강도의 반사계수와 투과계수의 합이 1이 되지 않음에 주의해야 한다.

CHAPTER 05 문 제

1. 식 (5.34)와 식 (5.37)로부터 식 (5.38)과 식 (5.39)를 유도하라.

2. 5.0 MHz의 초음파를 방사하는 임상 진단용 변환자가 있다. 이 변환자에 음향정합층을 설치하여 발생하는 초음파를 인체 내부에 완전히 투과시키고자 한다. 음향정합층의 특성 임피던스를 구하라. 단, 변환자의 밀도는 2700 kg/m^3이고 음속은 3200 m/s, 그리고 인체의 밀도는 1050 kg/m^3이고 음속은 1540 m/s로 둔다. 나아가, 음속인 2200 m/s인 재료로 그 정합층을 만든다고 할 때 최저 두께는 얼마로 해야 하는가?

3. 물과 음속 2000 m/s, 밀도 900 kg/m^3인 비닐 계통의 물질이 경계를 이루고 있다. 물에서부터 그 물질로 음파가 입사할 때 입사각에 따른 반사 계수의 크기 및 위상 변화를 컴퓨터 프로그램으로 구하라. 그 결과로부터 임계각과 전투과각은 각각 몇 도인지를 구하라.

4. 해수의 밀도는 1000 kg/m^3이고 음속은 1500 m/s라 가정한다. 주파수가 100 Hz, 음압 진폭이 0.1 Pa인 평면파가 해수면에서 수심이 100 m인 해저면을 향하여 전파하고 있다. 해저 방향을 $+z$로 하여 다음을 구하라.
   (a) 이 평면파의 압력을 나타내는 식
   (b) 음향 강도와 면적 2.0 m^2인 해저 면에 입사하는 음향 파워
   (c) 해저 면의 음속이 해수에서보다 1.1 배가 빠르고 해저 면의 음향 특성 임피던스가 해수의 0.9 배라고 가정한다. 해저 경계면에서 음압과 입자속도의 반사 계수 및 투과계수
   (d) 투과파의 음향 강도

5. 밀도 1000 kg/m^3, 음속 1500 m/s인 물에서 평면파가 경계면에 76°의 각도로 입사한다. 다른 물질의 밀도가 1800 kg/m^3이고 음향 특성 임피던스가 2.8 MRayl이다. (a) 투과각과 (b) 입사파의 최대 음압이 50 Pa일 때 투과파의 음압을 dB로 구하라.

CHAPTER 06

구면파의 전파와 음장

6.1 구면파의 특성

구면파(spherical wave)는 파면이 구면 형태를 가지면서 전파하는 파이다. 이러한 파는 그림 6.1과 같이 구형의 음원이 진동할 때 발생한다. 그러한 구형 물체를 반지름 a인 **호흡구**라고 하자. 이 절에서는 호흡구로부터 발생한 음파가 균질의 무한 매질에 전파할 때의 특성에 관해 기술한다.

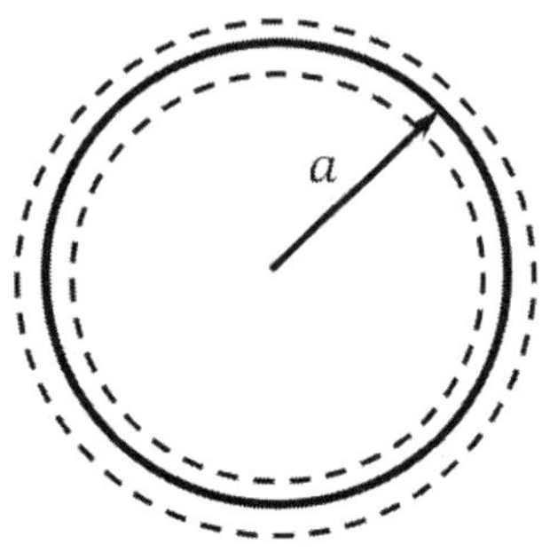

그림 6.1 호흡구의 진동

6.1.1 구면파의 파동방정식과 그 해

구면파는 3차원으로 퍼져나가는 파동이다. 따라서 그 파동방정식은 식 (4.142)에 주어진 형태로 다음과 같이 된다.

$$\frac{1}{c^2}\frac{\partial^2 p}{\partial t^2} = \nabla^2 p \tag{6.1}$$

구면상으로 전파하는 파동의 기술에는 구좌표계가 적합하며, 구좌표계에서의 한 점은 (r, θ, ϕ)에 의해 나타내어진다. 여기서, r은 원점으로부터의 거리, θ는 수평 기준 축과 이루는 각, ϕ는 수직 기준 축과 이루는 각이다. 그에 따른 **라플라시안**(Laplacian) ∇^2은 다음과 같이 주어진다.

$$\nabla^2 = \frac{1}{r^2}\frac{\partial}{\partial r}\left(r^2\frac{\partial}{\partial r}\right) + \frac{1}{r^2\sin\theta}\frac{\partial}{\partial \theta}\left(\sin\theta\frac{\partial}{\partial \theta}\right) + \frac{1}{r^2\sin^2\theta}\frac{\partial^2}{\partial \phi^2} \tag{6.2}$$

구면파는 음압, 입자속도 등의 변수가 r에만 의존하며, θ와 ϕ에는 무관하므로, 이 식에서 $\partial/\partial\theta = \partial/\partial\phi = 0$이 되어 음압 p에 대해 적용하면 위 식은 다음과 같이 된다.

$$\begin{aligned}\nabla^2 p &= \frac{1}{r^2}\frac{\partial}{\partial r}\left(r^2\frac{\partial p}{\partial r}\right) = \frac{1}{r^2}\left(2r\frac{\partial p}{\partial r} + r^2\frac{\partial^2 p}{\partial r^2}\right) \\ &= \frac{\partial^2 p}{\partial r^2} + \frac{2}{r}\frac{\partial p}{\partial r} = \frac{1}{r}\frac{\partial^2 (rp)}{\partial r^2}\end{aligned} \tag{6.3}$$

식 (6.1)과 식 (6.3)에 의해 다음 식이 얻어진다.

$$\frac{1}{c^2}\frac{\partial^2 (rp)}{\partial t^2} = \frac{\partial^2 (rp)}{\partial r^2} \tag{6.4}$$

이 식이 **구면파의 파동방정식**이다. 이 식은 식 (6.1)에서 p대신에 rp가 들어간 것에 지나지 않는다. 이 방정식의 해는 제4.4절에 기술한 바와 같이 음압을 다음과 같이 가정하여 구한다.

$$p = \boldsymbol{P}e^{j\omega t} \tag{6.5}$$

여기서 $\boldsymbol{P}$은 복소 음압 진폭으로서 위치에 따라서만 변하는 함수, 즉 위치만의 함수이다. 이것을 파동방정식 식 (6.4)에 대입하면 다음의 **헬름홀츠 방정식**이 얻어진다.

$$\frac{\partial^2(r\boldsymbol{P})}{\partial r^2}+k^2(r\boldsymbol{P})=0 \tag{6.6}$$

제4장에서 논의한 바와 같이 이 방정식의 해는 다음과 같이 주어진다.

$$r\boldsymbol{P}=\boldsymbol{A}_1e^{-jkr}+\boldsymbol{A}_2e^{jkr} \tag{6.7}$$

여기서 $\boldsymbol{A}_1$과 $\boldsymbol{A}_2$는 호흡구 표면의 진동 상태, 즉 경계조건에 의해 정해지는 복소 진폭이다. 이에 따라 식 (6.5)의 음압 순시치는 다음과 같이 된다.

$$p=\frac{\boldsymbol{A}_1}{r}e^{j(\omega t-kr)}+\frac{\boldsymbol{A}_2}{r}e^{j(\omega t+kr)} \tag{6.8}$$

이 식의 첫 번째 항이 **구면 확산파**(spherical spreading wave)를 나타내며, 두 번째 항이 **구면 수렴파**(spherical conversing wave)를 나타낸다. 구면파는 일반적으로 구면 확산파를 말하는데, 그것은 다음의 식으로 주어진다.

$$p=\frac{\boldsymbol{A}}{r}e^{j(\omega t-kr)} \tag{6.9}$$

이 구면파의 음압을 나타내는 식으로부터 음압의 진폭이 거리에 반비례함을 알 수 있다.

식 (4.101) 및 식 (4.134)에 주어진 오일러 방정식을 원점으로부터의 거리 r만의 함수인 구면파에 적용하면 다음의 식이 얻어진다.

$$\rho\frac{\partial u}{\partial t}=-\frac{\partial p}{\partial r} \tag{6.10}$$

이 식으로부터 입자속도 u는 다음과 같이 구해진다. 먼저 입자속도의 시간 미분을 다음과 같이 구한다.

$$\begin{aligned}\frac{\partial u}{\partial t}&=-\frac{\boldsymbol{A}}{\rho}\frac{\partial}{\partial r}\left\{\frac{1}{r}e^{j(\omega t-kr)}\right\}\\&=\frac{\boldsymbol{A}}{\rho}\left\{\frac{1+jkr}{r^2}e^{j(\omega t-kr)}\right\}\end{aligned} \tag{6.11}$$

이 식을 시간에 대해 적분하면 다음과 같이 입자속도가 구해진다.

$$u = \frac{\boldsymbol{A}}{\rho}\frac{1+jkr}{r^2}\int e^{j(\omega t - kr)}dt$$
$$= \frac{\boldsymbol{A}}{j\omega\rho}\frac{1+jkr}{r^2}e^{j(\omega t - kr)} \tag{6.12}$$

6.1.2 구면파의 음향 임피던스

제3장에서 기술한 것처럼 음향 임피던스는 음압과 입자속도의 비로 정의된다. 따라서 구면파의 경우에 그 정의에 따라 식 (6.9)와 식 (6.12)로부터 음향 임피던스 $\boldsymbol{Z}_{as} = p/u$를 구하면 다음의 식이 얻어진다.

$$\boldsymbol{Z}_{as} = \rho c\frac{jkr}{1+jkr} \tag{6.13}$$

이처럼 **구면파의 음향 임피던스는 거리의 함수**가 된다. 이 식으로부터 $kr \gg 1$에서는 분모의 실수부 1이 무시되어 $\boldsymbol{Z}_{as} \simeq \rho c$가 됨을 알 수 있다. 즉, 파장보다 대단히 먼 거리에서는 구면파가 평면파로 근사 된다. 그리고 파장에 비해 매우 가까운 거리, 즉 $kr \ll 1$에서는 $\boldsymbol{Z}_{as} \simeq jkr\rho c$로서 순허수가 되어 크기는 ρc보다 작아지며, 음압의 위상이 입자속도보다 $\pi/2$ [rad] 빠르게 된다.

복소수인 이 구면파 음향 임피던스를 크기와 각으로 나타내기 위해 분모를 유리화하여 실수부와 허수부로 나타내면 다음과 같이 된다.

$$\boldsymbol{Z}_{as} = \rho c\left(\frac{k^2r^2}{1+k^2r^2} + j\frac{kr}{1+k^2r^2}\right) = \rho c\frac{kr}{1+k^2r^2}(kr+j) \tag{6.14}$$

이것은 그림 6.2과 같은 임피던스 삼각도를 고려하면 다음과 같이 나타내어진다.

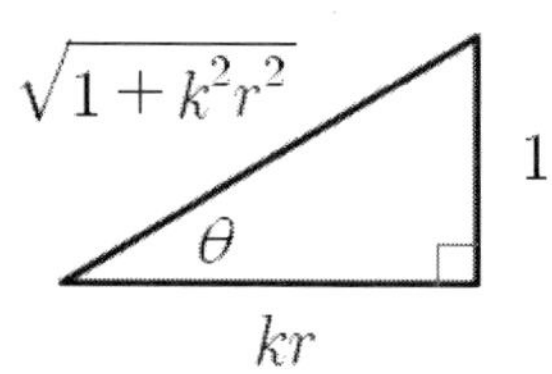

그림 6.2 구면파에 대한 임피던스 삼각도

$$\boldsymbol{Z}_{as} = \rho c \cos\theta\, e^{j\theta} = \rho c \cos\theta \angle \theta \tag{6.15}$$

단, $\theta = \tan^{-1}(\frac{1}{kr})$

이에 따른 음향 임피던스 $\boldsymbol{Z}_{as}$의 크기는 다음과 같다.

$$|\boldsymbol{Z}_{as}| = \rho c \cos\theta \tag{6.16}$$

한편, 실제 음압은 다음과 같이 삼각함수로 나타내어진다.

$$p = \frac{\boldsymbol{A}}{r} \cos(\omega t - kr) \tag{6.17}$$

그리고 입자속도는 음압을 음향 임피던스로 나누면 되므로 다음과 같이 된다.

$$u = \frac{\boldsymbol{A}}{r\boldsymbol{Z}_{as}} e^{j(\omega t - kr)} \tag{6.18}$$

실제 입자속도는 실수부를 취하면 되므로 다음과 같이 나타내어진다.

$$u = \frac{A}{r\rho c \cos\theta} \cos(\omega t - kr + \phi - \theta) = U_m \cos(\omega t - kr + \phi - \theta) \tag{6.19}$$

이 식에서 복소 진폭 $\boldsymbol{A} = Ae^{j\phi} = A \angle \phi$를 사용하였는데, 그 값은 초기 조건 및 경계조건에 의해 결정된다. 입자속도의 최대 크기, 즉 속도 진폭 U_m은 다음과 같다.

$$U_m = \frac{A}{r\rho c \cos\theta} \tag{6.20}$$

이것은 r지점에서의 음압 진폭을 음향 임피던스의 크기로 나눈 것에 지나지 않는다.

6.1.3 구면파의 음향 강도

제1장의 서론 및 제4.2절에서 논의한 바와 같이 음향 강도는 전기에서의 파워, 즉 전력에 상응하며 음압과 입자속도의 곱으로 주어지는데, 그 둘은 θ만큼의 위상차가 있으므로 식 (4.21)에 따라 조화 **구면파의 평균 음향 강도**는 다음과 같이 구해진다.

$$I_{av} = \frac{1}{T}\int_0^T P_m \cos(\omega t - kr) U_m \cos(\omega t - kr - \theta) dt$$

$$= \frac{P_m U_m \cos\theta}{2} = \frac{P_m^2}{2\rho c} = \frac{P_{eff}^2}{\rho c} \tag{6.21}$$

여기서, P_m은 음압 진폭으로서 $P_m = A/r$이고, P_{eff}는 그 실효값이다. 이 식 (6.21)은 식 (4.24)에 나타낸 평면파의 평균 음향 강도와 같다.

구면파의 음향 파워 W는 음향 강도에 면적을 곱하면 얻어지므로 다음과 같이 된다.

$$W = 4\pi r^2 I_{av} = 4\pi r^2 \frac{P_m^2}{2\rho c} = \frac{2\pi A^2}{\rho c} \tag{6.22}$$

당연한 결과이지만, 이 식으로부터 음향 파워는 초기조건에 의해 주어지는 음압진폭 A의 제곱에 비례하며 거리 r에는 무관함을 알 수 있다.

6.2 호흡구로부터 구면파의 방사

식 (6.9)로 대표되는 구면파의 음압 표현 식에서 진폭을 결정짓는 $\boldsymbol{A}$의 값은 호흡구 표면의 진동 상태에 의해 정해진다. 그림 6.1에 나타낸 것처럼 호흡구 표면의 진동속도, 즉 입자속도의 방향은 방사상의 위치 벡터 $\vec{r}$의 방향과 같다. 호흡구 표면에서의 변위가 구의 반지름보다 매우 작은 경우에 대해 구의 표면($r=a$)에서의 입자의 진동이 다음과 같이 주어진다고 하자.

$$u(a,t) = U_m e^{j\omega t} \tag{6.23}$$

호흡구 표면에서의 구면파의 음향 임피던스는 식 (6.14)와 식 (6.15)에 $r=a$를 대입하면 다음과 같이 주어진다.

$$\boldsymbol{Z}_{aa} = \rho c \frac{ka}{(1+k^2a^2)}(ka+j) = \rho c \cos\theta_a \angle \theta_a \tag{6.24}$$

단, $\theta_a = \tan^{-1}\frac{1}{ka}$

그리고 구 표면의 음압은 $p = \boldsymbol{Z}_{aa} u$에 의해 다음과 같이 구해진다.

$$p(a,t) = \rho c U_m \cos\theta_a e^{j(\omega t + \theta_a)} \tag{6.25}$$

식 (6.9)에 $r = a$를 대입한 것과 식 (6.25)을 비교하면 다음 관계가 얻어진다.

$$\frac{\boldsymbol{A}}{a} e^{j(\omega t - ka)} = \rho c U_m \cos\theta_a e^{j(\omega t + \theta_a)} \tag{6.26}$$

이로부터 $\boldsymbol{A}$의 값은 다음과 같이 정해진다.

$$\boldsymbol{A} = \rho c a U_m \cos\theta_a e^{j(\theta_a + ka)} \tag{6.27}$$

이에 의해 r지점의 음압을 나타내는 식 (6.9)는 다음과 같이 고쳐 쓸 수 있다.

$$\begin{aligned} p(r,t) &= \rho c U_m \frac{a}{r} \cos\theta_a e^{j\{\omega t - k(r-a) + \theta_a\}} \\ &= P_m e^{j\{\omega t - k(r-a) + \theta_a\}} \end{aligned} \tag{6.28}$$

단, $P_m = \rho c U_m \frac{a}{r} \cos\theta_a$

그리고 식 (6.21)의 음향 강도는 다음과 같이 나타낼 수 있다.

$$I = \frac{1}{2} \frac{P_m^2}{\rho c} = \frac{1}{2} \rho c U_m^2 \left(\frac{a}{r}\right)^2 \cos^2\theta_a \tag{6.29}$$

제6.1.2절에서 논의한 바와 같이 만약 $ka \ll 1$이면 음향 임피던스는 다음과 같이 순허수가 된다.

$$\boldsymbol{Z}_{aa} \simeq j\rho c k a \tag{6.30}$$

이 음향 임피던스는 순수한 **리액턴스**(reactance) 성분이며, 이 때 음압은 다음과 같다.

$$p(a,t) = \frac{\boldsymbol{A}}{a} e^{j\omega t} \simeq j\rho c k a\, U_m e^{j\omega t} \tag{6.31}$$

이 식에서 진폭 성분 $\boldsymbol{A}$를 구하여 식 (6.9)에 대입하면 r지점의 음압은 다음과 같이 표현된다.

$$p(r,t) \simeq j\rho c U_m ka \frac{a}{r} e^{j(\omega t - kr)}; \quad ka \ll 1\text{일 때} \tag{6.32}$$

이 식으로부터 음압은 입자속도보다 위상이 $\pi/2$ [rad] 빠름을 알 수 있다. 그리고 음향 강도는 다음과 같이 주어진다.

$$I = \frac{1}{2}\frac{P_m^2}{\rho c} = \frac{1}{2}\rho c\, U_m^2\,(ka)^2\left(\frac{a}{r}\right)^2; \quad ka \ll 1 \text{일 때} \tag{6.33}$$

이 식으로부터 음향 강도는 주파수의 제곱에 비례($I \propto f^2$)하고, 반경의 4승에 비례($I \propto a^4$)함을 볼 수 있다. 이것은 같은 크기의 음원에서 나오는 음파의 경우 주파수가 높을수록 강한 음장을 형성하고, 반지름이 파장보다 매우 작은 음원($ka \ll 1$)은 그 주파수의 음향에너지 방사가 곤란하다는 것을 나타낸다. 즉, 크기가 작은 음원으로써 주파수가 낮은 음파를 방사하기 어렵다는 것을 뜻한다.

예제 6.1 반경 1.0 cm인 구가 수중에서 1.0 MHz의 진동을 한다. 진폭이 10 μm일 때, 1.0 m 지점의 음압 진폭은 몇 Pa인가? 이것을 1.0 μPa을 기준으로 하는 음압 레벨 [dB]로 나타내면 얼마가 되는가? 그 지점에서의 음향 강도는 얼마이며, 음향 파워는 얼마인가?

힌트 $|P_m| = \rho c U_m \frac{a}{r}|\cos\theta_a|$, 물의 밀도; 1.21×10^3 kg/m^3,

음속: 약 1.50×10^3 m/s, $U_m = \omega A$(속도 진폭 = 각주파수×변위진폭)

예제 6.2 반지름 $a = 0.1$ m인 호흡구형 음원이 공기 중에서 $f = 100$ Hz의 음파를 방사하여 중심으로부터 $r = 1.0$ m 떨어진 곳에서 $I = 0.05$ W/m^{2}의 음향 강도를 나타내고 있다. (a) 음원의 음향 파워, (b) 호흡구 표면에서의 음향 강도, 음압 진폭 및 입자속도를 각각 구하라.

6.3 음향 쌍극자의 음파 방사

쌍극자(dipole)란 크기는 같으나 극성이 다른 두 입자가 가까운 거리에 놓여 있는 것을 말한다. 전기학에서는 $+q$와 $-q$의 전하가 가까운 거리에 서로 대치해 있는 것을 말하며, 그것을 **전기 쌍극자**(electric dipole)라고 부른다. 음향학에서는 변위 또는 입자속도의 크기는 같으나 방향이 반대, 즉 위상이 서로 반대여서 +와 -의 진동을 하는 두 호흡구를 **음향 쌍극자**(acoustic dipole)라고 한다. 그림 6.3과 같이 간격 d인 음향 쌍극자가 진동하여 주위 매질에 음파를 발생시킬 때, 그 쌍극자 중심으로부터 x축에 대해 θ의 각도를 가지고 r떨어진 P 점의 음압이 어떻게 되는지를 구해보자.

먼저 각각의 입자의 진동속도를 그림에 나타낸 것처럼 다음과 같이 나타낼 수 있다.

$$u_- = -U_m e^{j\omega t} \tag{6.34a}$$

$$u_+ = +U_m e^{j\omega t} \tag{6.34b}$$

이 진동에 따른 P 점의 음압은 각각의 호흡구가 만드는 음압을 합하면 되는데, 각각의 음압은 식 (6.9)에 따라 다음과 같이 주어진다.

$$p_- = \frac{A}{r+\Delta r_1} e^{j\{\omega t - k(r+\Delta r_1)\}} \tag{6.35a}$$

$$p_+ = \frac{-A}{r-\Delta r_2} e^{j\{\omega t - k(r-\Delta r_2)\}} \tag{6.35b}$$

따라서 그 두 음압을 합한 음압은 다음과 같다.

$$p = p_- + p_+ = \frac{A}{r}\left(\frac{e^{-jk\Delta r_1}}{1+\Delta r_1/r} - \frac{e^{jk\Delta r_2}}{1-\Delta r_2/r}\right) e^{j(\omega t - kr)} \tag{6.36}$$

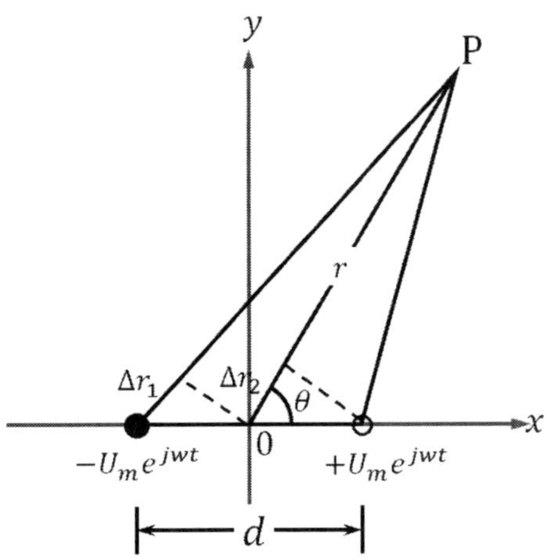

그림 6.3 음향 쌍극자에 의한 음압 산출을 위한 좌표계

일반적으로 쌍극자의 간격 d에 비해 P 점까지의 거리 r가 충분히 멀리 떨어져 있다. 즉 $r \gg d$의 조건이 만족되는데, 그와 같은 원거리에서는 두 호흡구 및 원점에서 P 점을 향하는 세 선분이 모두 평행하다고 볼 수 있다. 따라서 두 호흡구에서의 거리와 중심에서의 거리와의 차이는 다음과 같이 근사 된다.

$$\triangle r_1 \simeq \triangle r_2 \simeq \frac{d}{2}\cos\theta \tag{6.37}$$

그리고 이 거리의 차이는 중심에서 P 점까지의 거리 r에 비해 매우 작다. 즉, 다음과 같다.

$$\frac{\triangle r}{r} \ll 1 \tag{6.38}$$

따라서 원거리에 있는 P 점의 음압은 다음과 같이 구해진다.

$$\begin{aligned} p &= \frac{-A}{r}\left(e^{jk\frac{d}{2}\cos\theta} - e^{-jk\frac{d}{2}\cos\theta}\right)e^{j(\omega t - kr)} \\ &= -j\frac{2A}{r}\left\{\sin\left(\frac{kd}{2}\cos\theta\right)\right\}e^{j(\omega t - kr)} \end{aligned} \tag{6.39}$$

이 식에서 $\sin\left(\frac{kd}{2}\cos\theta\right)$는 방향에 따라 변하는 특성, 즉 **지향성**(directivity)을 나타낸다. 그리고 음압 p는 x축에 대해서는 회전대칭이어서 지향성 패턴은 입체적 구조이다.

x축 상($\theta = 0$)에서의 음압의 크기는 다음과 같다.

$$|p| = \frac{2A}{x}\left|\sin\left(\frac{kd}{2}\right)\right| \tag{6.40}$$

즉, 축을 따라 음압의 크기는 $1/x$로 감소하고, x가 일정한 지점에서는 $\sin\frac{kd}{2}$에 의해 결정되어, d가 $\lambda/2$의 홀수 배에서 최대가 되고 λ의 정수배에서 0이 된다. 그것은 쌍극자의 간격이 파장의 정수배가 되면 소멸 간섭이 일어남을 말한다. 나아가 $kd \ll 1$일 때, 즉, 쌍극자의 간격이 파장보다 충분히 작을 때는 $\sin(kd/2) \simeq kd/2$로 근사되어, 축 상의 음압은 다음과 같이 된다.

$$p = -j\frac{Akd}{r}\cos\theta\, e^{j(\omega t - kr)} \tag{6.41}$$

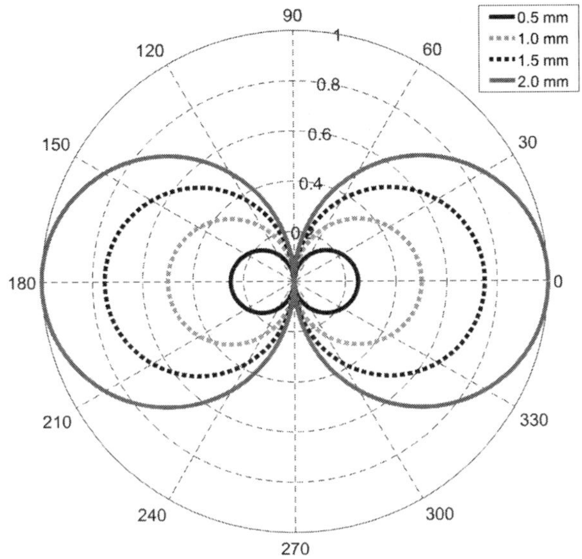

그림 6.4 음향 쌍극자의 간격에 따른 지향성($f = 1.0$ MHz, $d = 0.5$, 1.0, 1.5, 2.0 mm)

따라서 주파수와 쌍극자의 간격이 주어졌을 때, 즉 특정의 kd값에 대한 음압의 크기는 다음과 같이 거리 r과 각도 θ의 함수로 나타내어진다.

$$|p(r, \theta)| = \frac{Akd}{r}|\cos\theta| \tag{6.42}$$

이 음압의 크기를 수중에서 주파수 $f = 1.0$ MHz를 방사하는 쌍극자의 간격을 $d = 0.5 \sim 2.0$ mm 범위에서 0.5 mm 간격으로 변화시켰을 때 거리 $r = 1.0$ m 지점에서의 방향별 음압 진폭의 변화를 극좌표로 표시하면 그림 6.4와 같이 된다. 각각에 대한 kd값은 $k = 2\pi/\lambda$ 이고 $\lambda = c/f$ 인 것을 고려하면 쉽게 구해진다.

잔잔한 수면의 바로 아래에 있는 음원에 의해 방사된 음파 또는 **배플**(baffle)이 없는 스피커 등에서 방사된 음파는 약간의 시간 간격을 두고 반대 위상의 파가 반사되어 나오므로 경계를 이루는 면에 대해 반대쪽에 위상이 반대인 음원이 놓인 것으로 간주할 수 있다. 이 경우, 음향 쌍극자처럼 취급하여 간섭 및 지향 특성을 구하기도 한다.

예제 6.3 그림 6.3에서 음향 쌍극자가 아니고, 두 음원이 동일할 때, 즉 같은 주파수, 같은 위상으로 진동할 경우 음압의 크기를 나타내는 식을 구하라.

6.4 선음원에서의 음파 방사

그림 6.5와 같이 길이 L, 반지름이 a인 직선의 **선음원**(acoustic line source)이 있다고 하자. 그 중심으로부터 y축에 대해 θ의 각도를 가지고 r떨어진 P 점의 음압이 어떻게 되는지를 구해보자. 이 때에는 그 선음원을 무한히 작은 선분요소로 쪼갠 다음, 각 요소가 P 점에 만드는 음압을 합하면 된다. 그 합은 연속적인 합이므로 적분을 해야 한다. 그런데 이러한 선음원에서는 그 표면의 입자속도가 같아도 선의 굵기, 즉 반지름에 따라 단위면적 당 방사되는 음향에너지가 달라진다. 따라서 여기서는 먼저 **음원 강도**(source strength)를 정의한 다음, 그 강도에 의해 P 점의 음압을 구하기로 한다.

음원 강도는 전자기학에서 **전기 선속**(electric flux)과 유사하게 정의된다. 전기 선속은 전기장과 면벡터의 스칼라 곱으로 구해진다. 그런데 주어진 면내에서 전기장이 달라지거나 면이 평면이 아닌 경우 그 면을 미소 분할한 후, 각 면적요소에 대해 전기장을 스칼라 곱한 나음 선제 면적에 대해 적분하여 구한다. 음원 강도를 구하는 방법은 그것과 거의 같다. 즉, 일정 각주파수 ω로 진동하는 물체의 음원 강도 Q는 그 물체 표면에서의 입자속도 $\vec{u}$에 의해 다음과 같이 구한다.

$$Qe^{j\omega t} = \int_S \vec{u} \cdot d\vec{S} \tag{6.43}$$

여기서 면벡터 $\vec{S}$의 크기는 음파가 통과하는 면적이며, 방향은 면에 대해 바깥 방향, 즉 확산파가 진행하는 방향이다. 음원 강도 Q는 $[m^3/s]$의 단위를 가지는바, 어떤 면을 통하여 단위 시간에 유출되는 매질의 부피를 나타낸다. 따라서 **유출률**(flow rate)에 해당한다. 스칼라 곱의 정의에 따르면 방사면이 입자속도의 방향과 수직일 때 방사면적이 S인 음원의 음원 강도 Q는 다음과 같이 주어진다.

$$Q = U_m S \tag{6.44}$$

여기서 U_m은 입자속도의 진폭이다. 따라서 반지름 a인 호흡구의 음원 강도와 반지름이 a이고 길이가 L인 직선의 음원 강도는 각각 다음과 같다.

$$\text{호흡구 :} \quad Q_{sp} = 4\pi a^2 U_m \tag{6.45a}$$

$$\text{직선 :} \quad Q_{li} = 2\pi a L U_m \tag{6.45b}$$

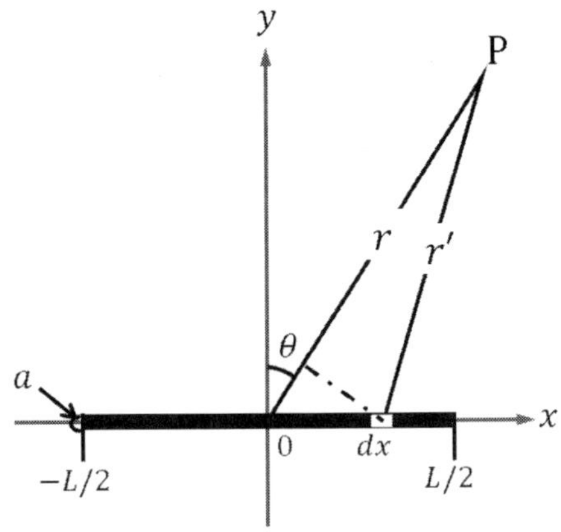

그림 6.5 선음원에 의한 음압 산출을 위한 좌표계

그리고 반지름 a인 호흡구로부터 원거리에 있는 지점 r에서의 음압을 나타내는 식 (6.32)는 음원 강도 Q_{sp}에 의해 다음과 같이 주어진다.

$$p(r,t) = \frac{1}{2} j \frac{\rho c}{\lambda} \frac{Q_{sp}}{r} e^{j(\omega t - kr)} \tag{6.46}$$

한편, 그림 6.5에 나타낸 선음원에서 선분요소 dx의 음원 강도 dQ는 다음과 같이 주어진다.

$$dQ_{li} = 2\pi a U_m dx \tag{6.47}$$

dx로부터 r' 떨어져 있는 P 점의 미소 음압 dp는 식 (6.46)의 Q_{sp}대신에 dQ_{li}를 대입하고 정리하면 다음과 같은 식이 얻어진다.

$$dp = j \frac{\rho cka}{2r'} U_m dx\, e^{j(\omega t - kr')} \tag{6.48}$$

그리고, $r \gg L$인 원거리에서는 다음의 식의 성립한다.

$$r' \simeq r - x \sin\theta \tag{6.49}$$

여기서 r은 주어진 값으로 적분과 무관하다. 따라서 P 점의 음압은 다음과 같이 적분에 의해 구해진다.

$$p(r,\theta,t)=\int dp = j\frac{\rho cka U_m}{2}\int_{-L/2}^{L/2}\frac{1}{r'}e^{j(\omega t - kr')}dr'$$

$$= j\frac{\rho cka U_m}{2r}\int_{-L/2}^{L/2} e^{j\{\omega t - k(r - x\sin\theta)\}}dx \tag{6.50}$$

이 식에서 진폭은 $r=r$일 때나 $r=r'$일 때 거의 같으므로 r' 대신에 r을 대입하였으나, 위상에 대해서는 그 차이를 무시할 수 없으므로 반드시 식 (6.49)를 사용해야 한다는 의미를 내포하고 있다. 그러면 이식은 다음과 같이 정리된다.

$$p(r,\theta,t)=j\frac{\rho c U_m ka}{2r}e^{j(\omega t - kr)}\int_{-L/2}^{L/2} e^{jkx\sin\theta}dx$$

$$= j\frac{\rho c U_m ka}{2r}e^{j(\omega t - kr)}\frac{1}{jk\sin\theta}\left[e^{jkx\sin\theta}\right]_{-L/2}^{L/2}$$

$$= \frac{1}{2}j\rho c U_m \frac{a}{r}kL\left[\frac{\sin\left(\frac{1}{2}kL\sin\theta\right)}{\frac{1}{2}kL\sin\theta}\right]e^{j(\omega t - kr)} \tag{6.51}$$

이 식에서 대괄호 [ ]내의 함수는 다음과 같이 나타내어지는 **싱크 함수**(sinc function)이다.

$$\mathrm{sinc}(\nu)=\frac{\sin\nu}{\nu} \tag{6.52}$$

단, $\nu=\frac{1}{2}kL\sin\theta$

그림 6.6에는 인자 $\nu=-50\sim 50$일 때 싱크 함수의 모습을 보여준다. 그림에 나타낸 것처럼 $\nu\to 0$일 때 최대인 1이 되고 $|\nu|$가 증가하면 그림처럼 진동하면서 감쇠하는 형태를 나타낸다.

길이와 주파수가 주어진 선음원에 대해서는 ν가 각도 θ만의 함수가 되므로 $\mathrm{sinc}(\nu) = \Theta(\theta)$로 나타낼 수 있다. 그 $\Theta(\theta)$의 크기를 **지향지수**(directional factor: DF)라고 한다. 즉, 지향지수 DF는 다음과 같이 주어진다.

$$DF=|\Theta(\theta)|=\left|\frac{\sin\nu}{\nu}\right| \tag{6.53}$$

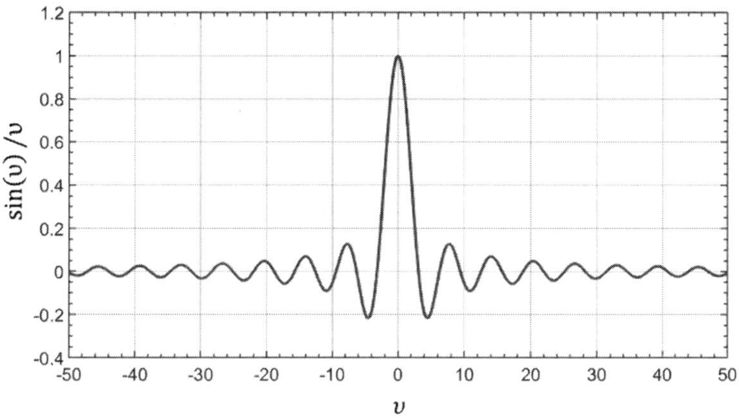

그림 6.6 싱크 함수(sinc function)

식 (6.51)에서 알 수 있는 바와 같이 $\theta=0$인 **음축**(acoustic axis) 상에서 거리 r인 지점의 음압 진폭은 다음과 같이 된다.

$$|p(r,0)|=P_m(r)=\frac{1}{2}\rho c U_m \frac{a}{r}kL \tag{6.54}$$

이에 따라, 다른 각도에서의 음압은 이 음압 진폭에 의해 다음과 같이 나타내어진다.

$$|p(r,\theta)|=P_m(r)\times DF \tag{6.55}$$

그림 6.7(a), (b), (c)는 각각 수중에서 길이 $L=1.0\text{ m}$인 선음원이 주파수 $f=2.0$, 5.0, 10.0 kHz의 음파를 방사할 때의 음압의 지향성 패턴을 식 (6.55)에 의해 구한 후 $\theta=0$일 때의 값으로 정규화하여 나타낸 것이다.

식 (6.52)에 나타낸 싱크 함수의 값이 0이 되는 지점은 다음의 조건을 만족하는 점이다.

$$\frac{1}{2}kL\sin\theta = \pm n\pi;\ n=1,2,3,\cdots \tag{6.56}$$

이 때 음압의 크기가 0이 되는데, 그에 해당하는 각도를 **마디 점**(nodal point)이라고 한다. 그리고 $n=1$이 되는 각도, 즉 첫 번째 마디 점 이내의 각도에 속해있는 빔을 **주엽**(main lobe)이라고 한다. 따라서, 주엽은 다음의 조건을 만족하는 각도 이내에 속한 빔을 말한다.

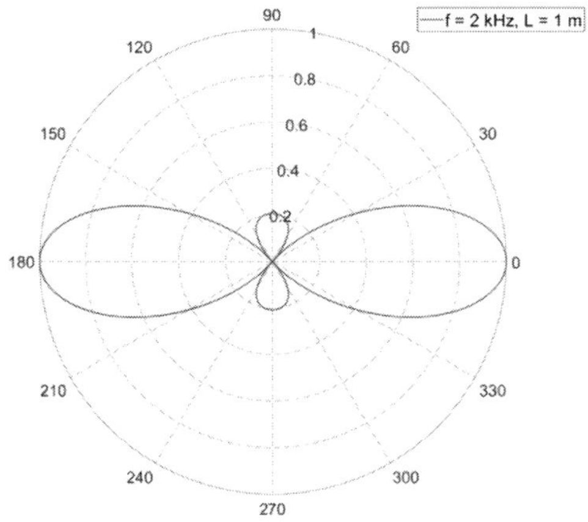

(a)

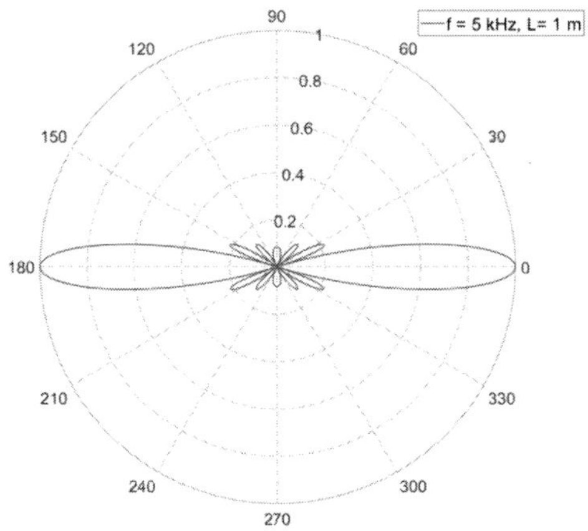

(b)

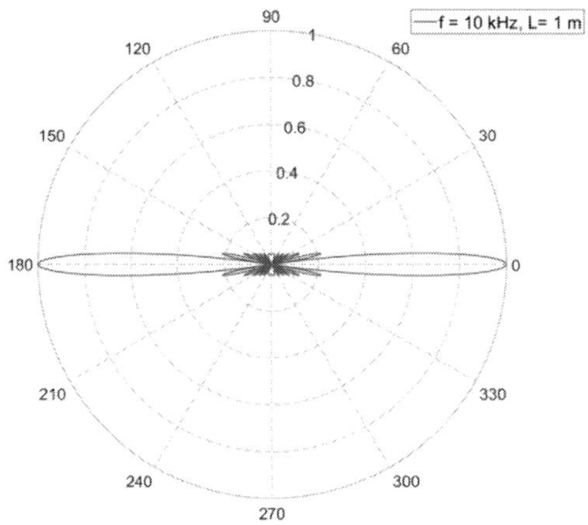

(c)

그림 6.7 선음원의 지향성 패턴

$$\frac{1}{2}kL\sin\theta = \pm\pi \tag{6.57}$$

이 식과 그림 6.8에서 알 수 있는 것처럼 kL이 크면 주엽의 폭이 줄어들고, **부엽**(side lobe)이 많아진다. 식 (6.55)는 파수 $k=2\pi/\lambda$임을 고려하면 다음과 같이도 나타낼 수 있다.

$$|\sin\theta| = \frac{n\lambda}{L}\ ;\ \ n=1,2,3\cdots \tag{6.58}$$

이에 따라 주엽의 최대 각도는 다음의 조건으로부터 구해진다.

$$|\sin\theta| = \frac{\lambda}{L} \tag{6.59}$$

즉, 파장과 선음원의 길이 비에 의해 주엽의 폭이 정해짐을 알 수 있다.

예제 6.2 그림 6.8에 나타낸 지향성 패턴에서 주엽은 각각 몇 도 이내에 있는가? 부엽은 각각 몇 개 있는가?

6.5 피스톤형 음원에서의 음파 방사

6.5.1 매질 내 임의 지점에서의 음압

그림 6.8과 같이 xy평면에 놓인 반경 a인 원형의 평면 음원이 밀도 ρ, 음속 c인 유체 매질 속에서 피스톤처럼 균일하게 왕복 진동하는 경우를 생각하자. 그러면 이 음원 표면의 모든 점은 $u=U_m e^{j\omega t}$로 일정하게 진동하고, 음파는 $+z$방향의 반무한 공간으로만 방사되는 것으로 간주할 수 있다. 이 때는 음원 표면의 미소 면적요소 dS를 강체인 배플에 부착된 무한히 작은 호흡 반구로 생각할 수 있다. 이러한 호흡 반구를 **배플된 단순음원**(baffled simple source)이라고 부른다. 이 배플된 단순음원으로부터 P점까지의 거리는 r'인데, 그것은 음원의 중심인 원점에서 P 점까지의 거리 r과 음축인 z축과 선분 r이 이루는 각 θ에 의해 구해진다. 이 단순음원의 방사 면적은 호흡구의 반이므로 음원 강도는 호흡구의 두 배가 된다. 따라서 그 미소 음원 강도 dQ에 의한 P 점의 음압

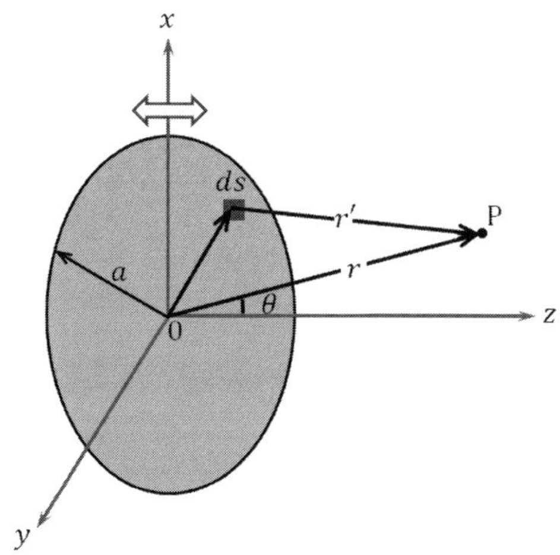

그림 6.8 피스톤형 음원으로부터 방사되는 음파의 음압 산출을 위한 좌표계

dp은 식 (6.46)에 의해 다음과 같이 나타내어진다.

$$dp(r,\theta,t) = j\frac{\rho c}{\lambda}\frac{dQ}{r'}e^{j(\omega t - kr')} \tag{6.60}$$

$dQ = U_m dS$ 이므로 전체 방사면에 의한 P 점의 음압 p는 다음 적분식에 의해 구해진다.

$$p(r,\theta,t) = j\frac{\rho c U_m}{\lambda}\int_S \frac{e^{j(\omega t - kr')}}{r'}dS \tag{6.61}$$

이 식을 적용하는 네는 dS와 r'의 관계를 함수로 나타낸 후 적분하여야 하는데, 컴퓨터를 이용한 수치 해석적 방법으로 하지 않으면 매우 복잡하다. 따라서 이하에서는 다소 단순한 경우에 해당하는 음축 상에서의 음압 변화와 피스톤 음원의 지향성에 대해 우선 해석하기로 한다.

6.5.2 음축에서의 음압 변화

피스톤 음원의 중심축인 음축, 즉 $\theta = 0$인 z축 상에서의 음압 변화는 축 대칭이므로 그림 6.10에 나타낸 것처럼 음원의 중심에서 P 점까지의 거리를 $r = z$로, 미소 면적을 $dS = 2\pi y dy$로 생각하여 다음과 같이 적분하면 구해진다.

$$p(z,0,t) = j\frac{\rho c U_m}{\lambda}e^{j\omega t}\int_0^a \frac{e^{-jk\sqrt{y^2+z^2})}}{\sqrt{y^2+z^2}}2\pi y\,dy \tag{6.62}$$

여기서 다음의 미분 관계를 고려한다.

$$\frac{d}{dy}\left(\frac{1}{jk}e^{-jk\sqrt{y^2+z^2}}\right) = \frac{-y}{\sqrt{y^2+z^2}}e^{-jk\sqrt{y^2+z^2}} \tag{6.63}$$

이를 이용하면 식 (6.62)는 다음과 같이 된다.

$$\begin{aligned} p(z,0,t) &= -j\rho c U_m k e^{j\omega t}\int_0^a d\left(\frac{1}{jk}e^{-jk\sqrt{y^2+z^2}}\right) \\ &= -\rho c U_m e^{j\omega t}\left[e^{-jk\sqrt{y^2+z^2}}\right]_0^a \\ &= \rho c U_m\left\{e^{-jkz} - e^{-jk\sqrt{a^2+z^2}}\right\}e^{j\omega t} \end{aligned} \tag{6.64}$$

이 식으로부터 반경 a인 원형 피스톤 음원의 중심에서 음축 상으로 z 떨어진 임의 지점의 순시 음압을 구할 수 있는데, 그 음압 진폭은 다음과 같다.

$$\begin{aligned} |p(z,0)| = P_m &= \rho c U_m\left|e^{-jkz} - e^{-jk\sqrt{a^2+z^2}}\right| \\ &= \rho c U_m|\phi| \end{aligned} \tag{6.65}$$

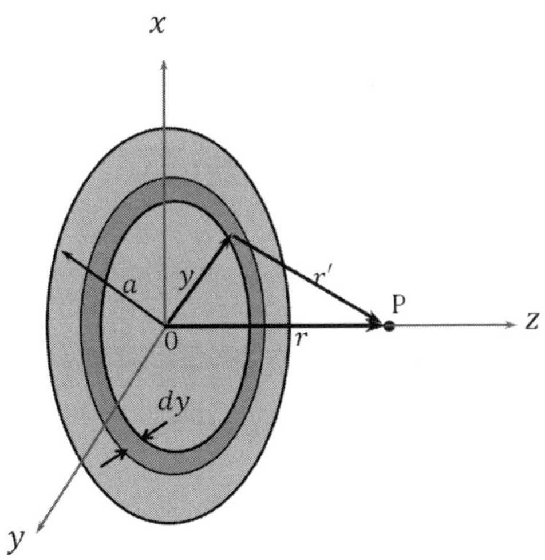

그림 6.9 피스톤형 음원의 음축상 음압 산출을 위한 좌표계

여기서 ϕ는 다음과 같다.

$$\begin{aligned}\phi &= e^{-jkz} - e^{-jk\sqrt{a^2+z^2}} \\ &= (\cos kz - j\sin kz) - \left(\cos k\sqrt{a^2+z^2} - j\sin k\sqrt{a^2+z^2}\right) \\ &= \left(\cos kz - \cos k\sqrt{a^2+z^2}\right) - j\left(\sin kz - \sin k\sqrt{a^2+z^2}\right)\end{aligned} \tag{6.66}$$

따라서 그 크기는 다음과 같이 된다.

$$\begin{aligned}|\phi| &= \left[\left(\cos kz - \cos k\sqrt{a^2+z^2}\right)^2 + \left(\sin kz - \sin k\sqrt{a^2+z^2}\right)^2\right]^{1/2} \\ &= \left[2\left\{1 - \cos\left(kz\sqrt{1+\left(\frac{a}{z}\right)^2} - kz\right)\right\}\right]^{1/2} \\ &= 4\sin^2\frac{1}{2}kz\left(\sqrt{1+\left(\frac{a}{z}\right)^2} - 1\right)^{1/2} \\ &= 2\sin\frac{1}{2}kz\left[\sqrt{1+\left(\frac{a}{z}\right)^2} - 1\right]\end{aligned} \tag{6.67}$$

이에 따라 식 (6.65)의 음압 진폭은 다음과 같이 나타내어진다.

$$P_m = 2\rho c U_m \sin\left\{\frac{1}{2}kz\left[\sqrt{1+\left(\frac{a}{z}\right)^2} - 1\right]\right\} \tag{6.68}$$

그림 6.10(a), (b), (c)는 ka에 따른 z 축 상의 음압 진폭의 변화를 식 (6.68)로 구하여 그림으로 나타낸 예이다.

원형 피스톤 음원의 음축 상의 음압 진폭은 그림 6.10에 나타낸 것과 같이 위치에 따라 극대 및 극소가 생긴다. 극소인 지점의 음압은 0이다. 그림에서 ka가 클수록 극대와 극소의 간격이 짧아지고 많은 극대점이 생김을 알 수 있다. 이것은 반경이 파장에 비해 클수록, 또는 같은 주파수의 음파를 발생시키는 음원의 경우 면적이 클수록 복잡하게 변하며, 마지막으로 극댓값을 갖는 거리가 멀어진다. 이러한 패턴은 음원 표면상의 미소 면적 dS으로부터 P 점까지의 거리가 달라짐에 따른 음파의 간섭현상에 의한 것이다.

음압이 극대가 되는 지점을 z_p이라고 하면, 그 z_p에 대해서는 다음의 조건이 만족된다.

$$\frac{1}{2}kz_p\left[\sqrt{1+\left(\frac{a}{z_p}\right)^2} - 1\right] = \frac{n\pi}{2}\ ; \qquad n = 1, 2, 3, \cdots \tag{6.69}$$

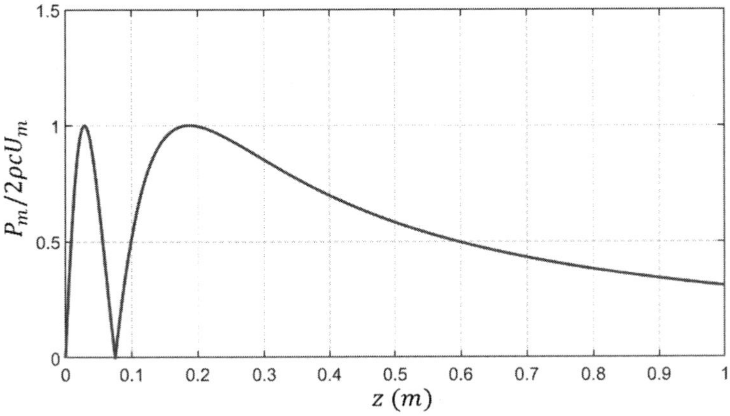

(a) $ka = 4\pi$

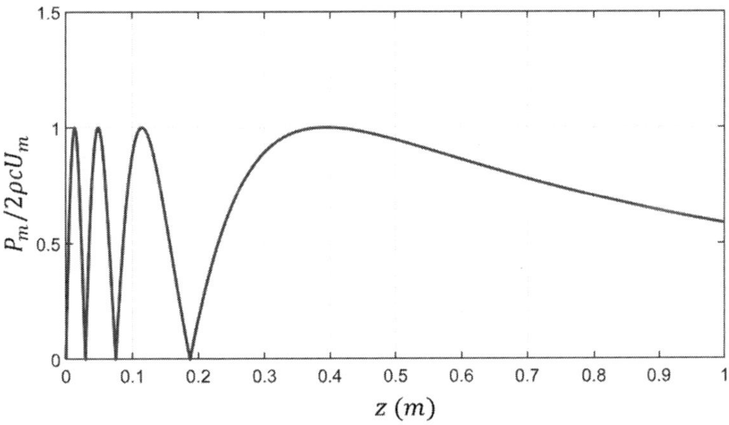

(b) $ka = 8\pi$

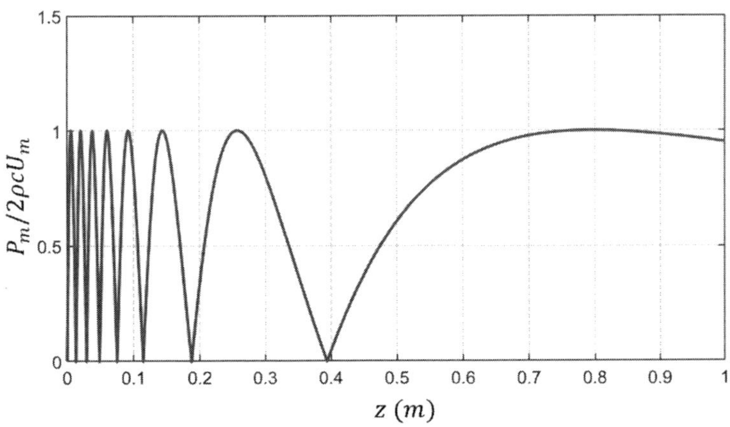

(c) $ka = 16\pi$

그림 6.10 피스톤형 음원의 음축상 음압 변화

즉, 다음의 조건에서 극대가 된다.

$$1+\left(\frac{a}{z_p}\right)^2=\left(\frac{n\lambda}{2z_p}+1\right)^2 \tag{6.70}$$

이로부터 다음 식이 얻어진다.

$$z_p=\frac{a^2}{n\lambda}-\frac{n\lambda}{4} \tag{6.71}$$

$n=1$일 때가 원점으로부터 가장 멀리 떨어져 있는 음압 진폭 최대인 지점인데, 그 거리는 다음과 같다.

$$z_{p1}=\frac{a^2}{\lambda}-\frac{\lambda}{4} \tag{6.72}$$

이 거리 이상에서는 더 이상 간섭에 의한 극대점은 없다. 따라서 이 이상의 거리에서는 음압의 크기가 $P_m \propto 1/r^2$인 구면 확산하는 파와 유사한 파면을 갖는다. 이 식은 음원의 반경이 파장보다 충분히 크면, 다음과 같이 근사된다.

$$z_{p1}\simeq\frac{a^2}{\lambda} \tag{6.73}$$

이로부터 파장이 작거나 음원이 클 때 먼 거리까지 간섭현상에 의해 극대와 극소가 반복되는 패턴을 나타냄을 알 수 있다. 이 z_{p1}는 $a\gg\lambda$일 때 **근거리**(near-field)와 **원거리**(far-field)를 구분하는 데 사용되기도 한다.

한편, 음원 반경보다 매우 먼 거리, 즉 $z\gg a$인 원거리에서는 다음과 같이 근사 된다.

$$\sqrt{1+\left(\frac{a}{z}\right)^2}\simeq 1+\frac{1}{2}\left(\frac{a}{z}\right)^2 \tag{6.74}$$

이것을 식 (6.68)에 대입하면 다음 식이 얻어진다.

$$\begin{aligned}P_m&=2\rho cU_m\sin\left(\frac{1}{4}\frac{ka^2}{z}\right)\\&\simeq\frac{1}{2}\rho ck\frac{a^2}{z}U_m\end{aligned} \tag{6.75}$$

이 식은 파수 $k=\omega/c=2\pi f/c$ 임을 고려하면 다음과 같이 표현된다.

$$P_m = \frac{\rho\pi f U_m a^2}{z} \tag{6.76}$$

이 식은 원거리에서의 음압 진폭은 구면 확산파와 같이 거리에 반비례함을 나타낸다. 또한, 그 진폭은 음원의 면적과 방사하는 파의 주파수에 비례함을 나타낸다.

여기서 원거리의 정의에 대해 좀 더 자세히 살펴보자. 원거리에서는 더 이상 음압 진폭이 최댓값에 도달하지 않으므로 식 (6.75)의 사인 항이 1보다 작아야 한다. 따라서 다음 식이 성립한다.

$$\frac{z}{a} > \frac{ka}{2} \tag{6.77}$$

이로부터 다음 식을 얻을 수 있다.

$$z > \frac{\pi a^2}{\lambda} = \frac{S}{\lambda} \tag{6.78}$$

앞에서 언급한 것처럼 이 거리 이상에서는 음압이 구면파와 같이 $1/r$로 일정하게 감소하는데, $z=S/\lambda$인 거리를 **레일리히 길이**(Rayleigh length)라고 부르기도 한다. 이 거리는 원거리로 보기에 충분한 거리이다.

예제 6.4 지름 2.0 cm인 1.0 MHz 피스톤 음원의 변위진폭이 1.0 μm이다. 원형 변환자 중심축상의 음압의 변화를 컴퓨터 프로그램에 의해 그리고, 1.0 m 지점의 음압을 구하라. 최대 음압을 나타내는 가장 먼 지점은 음원에서 얼마나 떨어져 있는가? 그 거리를 레일리히 길이와 비교하라.

6.5.3 피스톤 음원의 지향성

원거리에서 볼 때 원형 피스톤 음원은 음축 방향으로 가장 강한 음파를 방사하고, 음축에서 벗어난 방향으로는 음파의 간섭 때문에 강한 방향과 약한 방향이 주기적으로 나타난다. 그리고 그 형상은 ka에 따라서 달라진다. 이하에서는 그 지향성 패턴을 수식적으로 유도한다.

그림 6.11에 나타낸 것처럼 방사 면적 S를 갖는 음원이 매질 내의 임의 지점 P에 만드는 음압은 식 (6.61)에 의해 다음과 같이 주어진다.

$$
\begin{aligned}
p(r,\theta,t) &= j\frac{\rho c U_m}{\lambda}\int_S \frac{e^{j(\omega t - kr')}}{r'}dS \\
&= \frac{j\omega\rho U_m}{2\pi}\int_S \frac{e^{-jkr'}}{r'}dS\times e^{j\omega t}
\end{aligned}
\tag{6.79}
$$

그림에 나타낸 두 벡터 $\vec{r}$과 $\vec{R}$의 차이 벡터, 즉 $\vec{r}'$의 크기는 다음과 같이 된다.

$$
|\vec{r'}| = |\boldsymbol{r} - \boldsymbol{R}| = \sqrt{r^2 + R^2 - 2Rr\cos\delta} \tag{6.80}
$$

여기서 δ는 $\vec{r}$벡터와 $\vec{R}$벡터 간의 사잇각이다. 그것은 그림에 나타낸 바와 같이 xy평면에서 $\vec{R}$벡터가 y축과 이루는 각 α와 yz평면에서 $\vec{r}$벡터가 z축과 이루는 각 θ에 의해 다음과 같이 주어진다.

$$
\cos\delta = \cos\alpha\sin\theta \tag{6.81}
$$

이 식은 다음과 같이 유도된다. 먼저 벡터 $\vec{R}$과 $\vec{r}$은 각각 다음과 같이 나타낼 수 있다.

$$
\vec{R} = R(\sin\alpha\,\hat{i} + \cos\alpha\,\hat{j}) \tag{6.82a}
$$

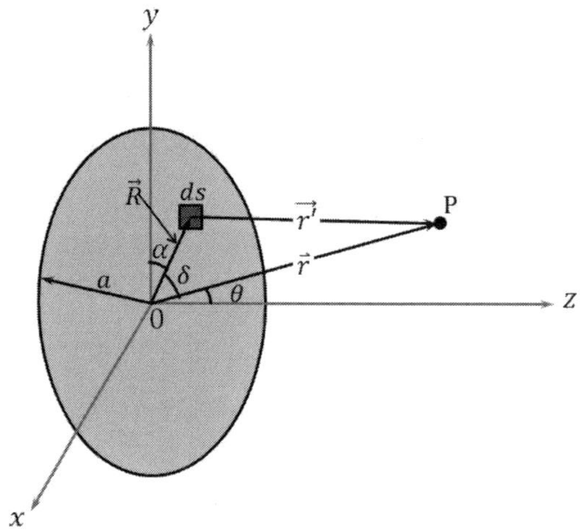

그림 6.11 피스톤형 음원의 지향성을 구하기 위한 좌표계

$$\vec{r} = r(\sin\theta\hat{j} + \cos\theta\hat{k}) \tag{6.82b}$$

여기서 R과 r은 각 벡터의 크기이고, $\hat{i}, \hat{j}, \hat{k}$는 제4.4절에서 언급한 단위벡터이다. 위의 두 벡터 $\vec{R}$과 $\vec{r}$의 스칼라 곱을 취하면 다음의 관계가 얻어진다.

$$\vec{R} \cdot \vec{r} = Rr\cos\alpha\sin\theta = Rr\cos\delta \tag{6.83}$$

이로부터 식 (6.81)의 관계가 구해진다.

식 (6.80)에 나타낸 벡터 $\vec{r}'$의 크기를 r'라고 하면 그것은 다음과 같이 고쳐 쓸 수 있다.

$$\begin{aligned} r' &= \sqrt{r^2 + R^2 - 2Rr\cos\alpha\sin\theta} \\ &= r\left(1 + \frac{R^2}{r^2} - \frac{2}{r}y\sin\theta\right)^{\frac{1}{2}} \end{aligned} \tag{6.84}$$

원거리에서의 음압을 구하는 것을 고려하여 $r \gg R$로 두면, 이 식은 다음과 같이 근사된다.

$$r' \simeq r - y\sin\theta \tag{6.85}$$

이를 식 (6.79)에 적용하면 다음과 같이 된다.

$$\begin{aligned} p &= \frac{j\omega\rho U_m}{2\pi}\int_S \frac{e^{-jk(r - y\sin\theta)}}{r - y\sin\theta}dS \times e^{j\omega t} \\ &= \frac{j\omega\rho U_m}{2\pi}\frac{e^{-jkr}}{r}\int_S e^{jky\sin\theta}dS \times e^{j\omega t} \end{aligned} \tag{6.86}$$

이 식에서도 식 (6.50)에서와 마찬가지로 진폭의 변화에서는 $y\sin\theta$를 무시하였다. 이 식의 계산 결과는 다음과 같이 된다. 이 계산에 대해서는 아래의 참고에 유도과정을 기술해 두었다.

$$\begin{aligned} p &= \frac{j\omega\rho U_m a^2}{2r}\left[\frac{2J_1(ka\sin\theta)}{ka\sin\theta}\right]e^{j(\omega t - kr)} \\ &= j\pi\rho f a^2\frac{U_m}{r}\left[\frac{2J_1(ka\sin\theta)}{ka\sin\theta}\right]e^{j(\omega t - kr)} \end{aligned} \tag{6.87}$$

여기서 $J_1()$은 1차 **베셀함수**(Bessel function)이다. 이 식의 유도과정은 후술한다. 이 식에 따라 음축($\theta = 0$)을 기준으로 방향각 θ에 따른 음압의 크기를 나타내는 지향지수는 다음과 같이 된다.

$$DF = \left| \frac{2J_1(\nu)}{\nu} \right| \tag{6.88}$$

단, $\nu = ka\sin\theta$

이 식에 포함된 $J_1(\nu)/\nu$를 **징크함수**(Jinc function)라고 부른다. 징크함수는 그림 6.13과 같이 변하는 함수이다.

그림에서 알 수 있는 것처럼 징크함수는 다음의 특성을 갖는다.

$$\lim_{\nu \to 0} \frac{J_1(\nu)}{\nu} = 0.5 \tag{6.89}$$

따라서 $\theta = 0$인 음축에서 지향지수는 식 (6.88)에 의해 1이 된다.

그림 6.13(a), (b), (c)는 ka 값의 변화에 따른 지향지수 DF를 음축의 값을 기준으로 데시벨(dB)로 변환한 후 극좌표 상에 나타낸 것이다. 이처럼 데시벨 단위로 표시한 극좌표 형식의 지향지수를 **빔 패턴**(beam pattern)이라고 부른다.

한편, 음축 상에서의 거리에 따른 음압 진폭은 다음과 같이 주어진다.

$$P_{ax}(r) = \pi\rho f a^2 \frac{U_m}{r} = \rho c k a^2 \frac{U_m}{2r} \tag{6.90}$$

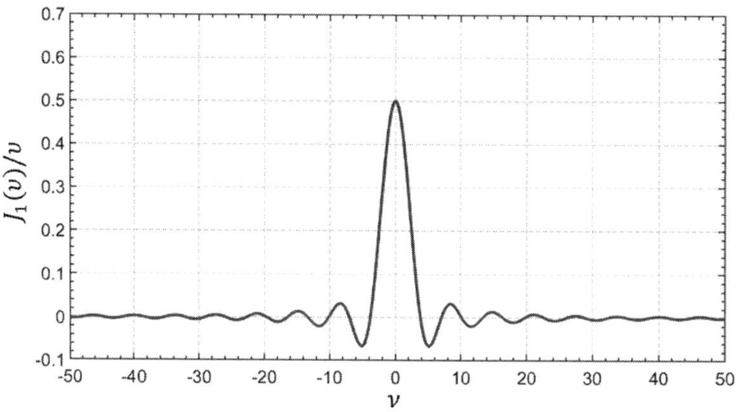

그림 6.12 징크(Jink) 함수

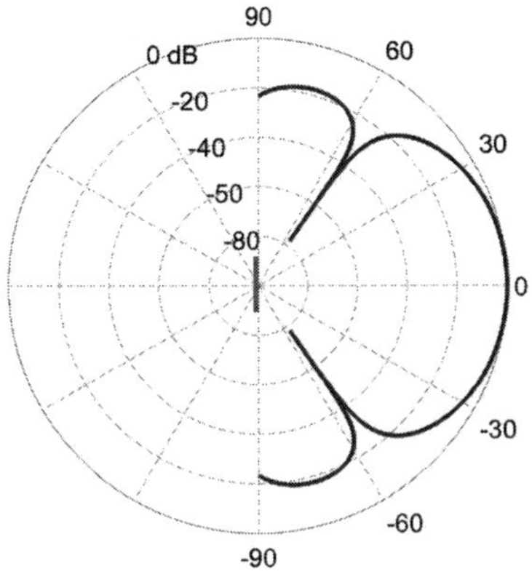

(a) $ka = 2\pi$

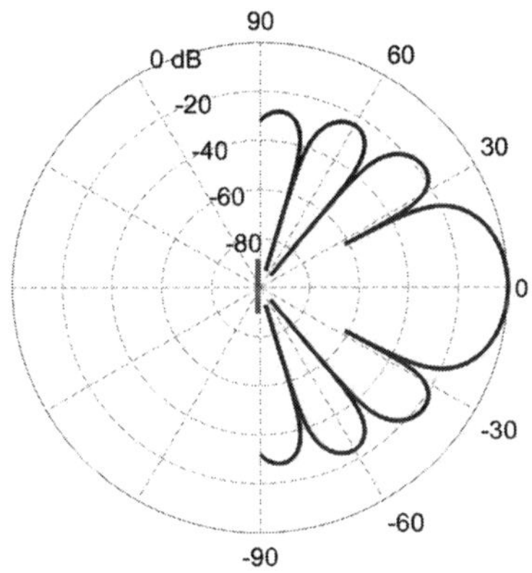

(b) $ka = 4\pi$

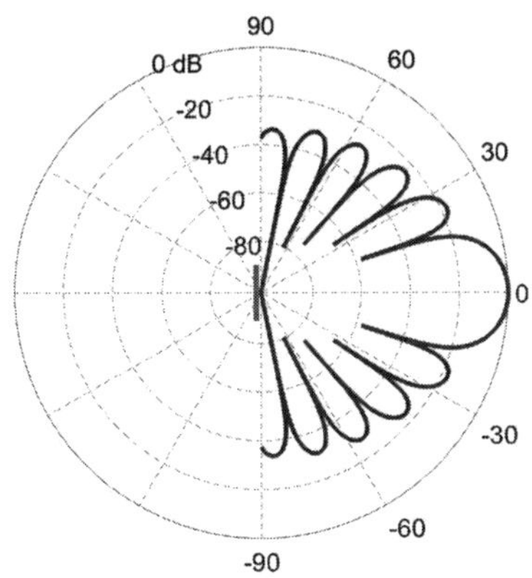

(c) $ka = 6\pi$

그림 6.13 ka 값에 따른 빔 패턴의 변화

같은 거리의 다른 방향에서는 식 (6.55)와 동일하게 다음과 같이 음압 진폭이 구해진다.

$$|p(r,\theta)| = P_{ax}(r) \times DF \tag{6.91}$$

참고 식 (6.86)로부터 식 (6.87)의 유도과정

먼저 미소 면적을 $dS = dx\,dy$ 로 두면 식 (6.86)는 다음과 같이 된다.

$$p = \frac{j\omega\rho U_m e^{-jkr}}{2\pi r}\int_0^a\int_0^a e^{jky\sin\theta}\,dx\,dy \times e^{j\omega t} \tag{6.92}$$

이 식을 다음의 관계를 이용하여 극좌표로 고친다.

$$dx\,dy = R\,dR\,d\alpha \tag{6.93a}$$

$$y = R\cos\alpha \tag{6.93b}$$

이에 따라 식 (6.92)은 다음과 같이 나타내어진다.

$$p = \frac{j\omega\rho U_m e^{j(\omega t - kr)}}{2\pi r}\int_0^{2\pi}\int_0^a e^{jkR\cos\alpha\sin\theta}\,R\,dR\,d\alpha \tag{6.94}$$

여기서 다음과 같이 정의된 0차의 베셀함수를 고려한다.

$$J_0(\nu) = \frac{1}{2\pi}\int_0^{2\pi} e^{j\nu\cos\alpha}\,d\alpha \tag{6.95}$$

베셀함수의 인자 $\nu = kR\sin\theta$를 생각하면 이식은 다음과 같이 된다.

$$2\pi J_0(kR\sin\theta) = \int_0^{2\pi} e^{jkR\sin\theta\cos\alpha}\,d\alpha \tag{6.96}$$

이 식의 양변에 R을 곱한 후 $R = 0$에서 $R = a$까지 적분하면 다음과 같이 나타내어진다.

$$2\pi\int_0^a J_0(kR\sin\theta)\,R\,dR = \int_0^{2\pi}\int_0^a e^{jkR\sin\theta\cos\alpha}\,R\,dR\,d\alpha \tag{6.97}$$

즉, 식 (6.94) 우변에 있는 이중 적분과 같아진다. 따라서 이 베셀함수에 대한 적분을 구하면 음압 p를 구할 수 있다.

베셀함수의 적분을 위하여 다음과 같이 변수를 치환한다.

$$\nu = kR\sin\theta \tag{6.98}$$

이에 따라 다음이 얻어진다.

$$dR = \frac{1}{k\sin\theta}d\nu \tag{6.99}$$

이 관계를 이용하면 식 (6.97)의 좌변은 다음과 같이 변환된다.

$$2\pi\int_0^{ka\sin\theta} J_0(\nu)\frac{\nu}{(k\sin\theta)^2}d\nu = \frac{2\pi}{(k\sin\theta)^2}\int_0^{ka\sin\theta} J_0(\nu)\,\nu\,d\nu \tag{6.100}$$

여기에 다음의 Bessel 함수 미분공식을 적용한다.

$$\frac{d}{d\nu}\left\{\nu^n J_n(\nu)\right\} = \nu^n J_{n-1}(\nu) \tag{6.101}$$

지수 $n=1$일 때에 대해 양변의 적분을 고려하면 식 (6.100)의 우변에 있는 적분은 다음과 같이 된다.

$$\int_0^{ka\sin\theta} J_0(\nu)\nu\,d\nu = \left[\nu J_1(\nu)\right]_0^{ka\sin\theta} = ka\sin\theta\,J_1(ka\sin\theta) \tag{6.102}$$

따라서, 식 (6.100)은 다음과 같이 된다.

$$2\pi\int_0^{ka\sin\theta} J_0(\nu)\frac{\nu}{(k\sin\theta)^2}d\nu = 2\pi a^2\frac{J_1(ka\sin\theta)}{(k\sin\theta)^2} \tag{6.103}$$

이것이 식 (6.92)의 적분의 결과이므로 식 (6.86)에 대입하면 음압 p는 식 (6.87)과 같이 얻어진다.

6.5.4 피스톤 음원의 이차원 음장

피스톤형 음원을 포함한 어떤 형상이 있는 음원이 매질 중의 한 점에 만드는 음압은 그 음원을 많은 점 음원의 집합으로 생각하여, 각 점 음원에 의해 만들어지는 음압을 합하면 된다. 이 때 음원을 n개의 점 음원으로 나누었다면 식 (6.61)은 다음과 같이 나타내어진다.

$$p(r,\theta,t) = j\frac{\rho c U_m}{\lambda}\sum_{i=1}^{n}\frac{e^{-jkr_i'}}{r_i'}e^{j\omega t} \tag{6.104}$$

여기서 r_i'은 i번째 점 음원에서부터 P 점까지의 거리이다. 점 음원으로 나타내기 위해 음원을 미소 면적으로 분할해야 하는데, 그 때 파장보다 충분히 작은 크기가 되도록 해야 한다.

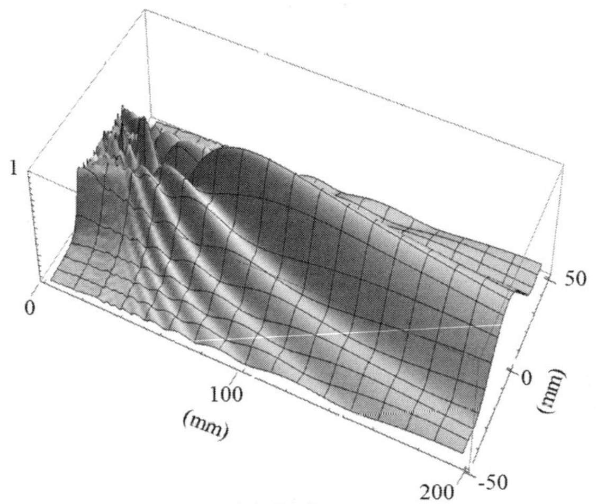

(a) 입체도

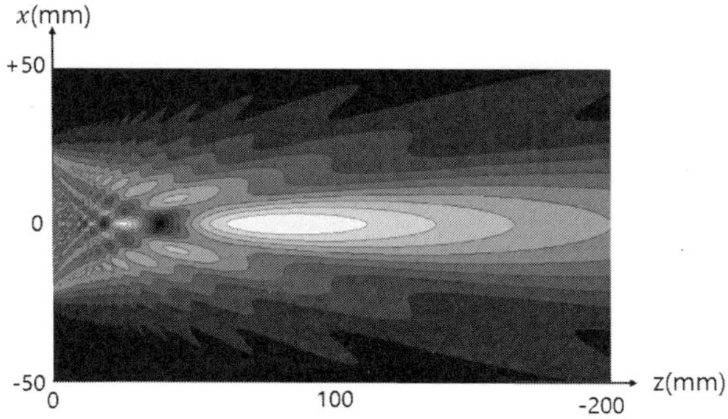

(b) 등고선도

그림 6.14 피스톤형 음원의 이차원 음장

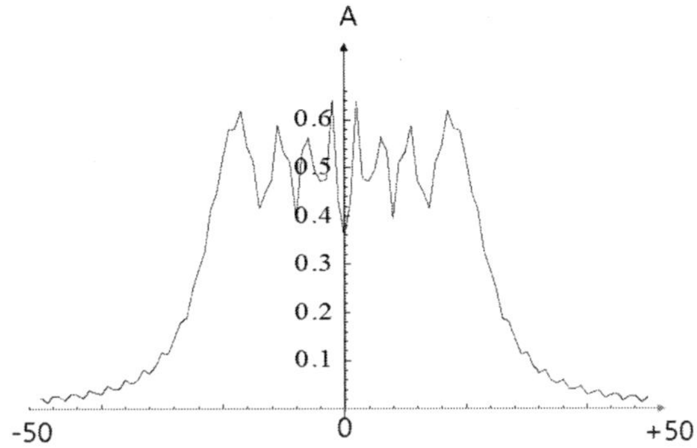

(a) $z = 10$ mm

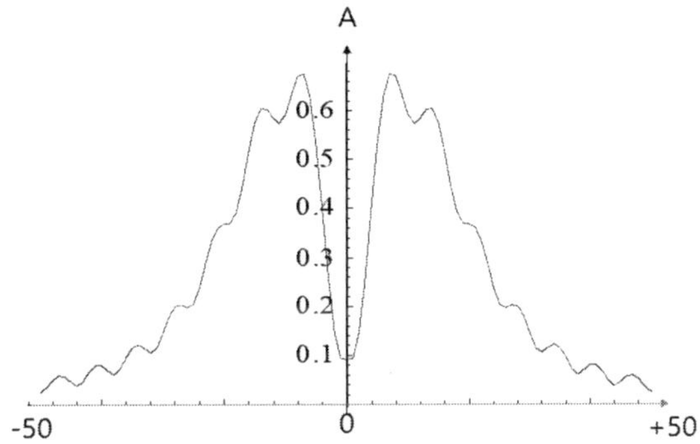

(a) $z = 40$ mm

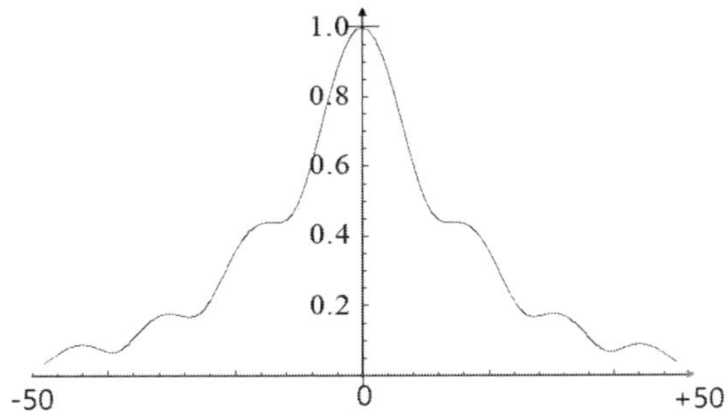

(c) $z = 80$ mm

그림 6.15 거리에 따른 x축 상의 음압 크기 변화

그림 6.11에 나타낸 좌표계에서 P 점의 위치를 xz평면 또는 yz평면에 상에서 옮겨가면서 음원의 전체 면적에서 방사되는 음압을 식 (6.104)에 의해 구하여 그 진폭 $|p(r,\theta,t)|$을 도시하면 이차원 음장이 얻어진다. 그림 6.14(a)와 (b)는 그 한 예로서 반지름이 25 mm

인 피스톤형 음원이 수중에서 주파수 $f = 100$ kHz의 음파를 방사할 때 만드는 이차원 음장의 입체적 모양 및 등고선 형태 음압 진폭의 분포를 보여 준다. 그림에서 가장 먼 거리에서 최대음압이 나타나는 지점까지의 거리는 $z = 80$ mm이다. 그보다 가까운 영역인 근거리에서는 음압분포가 매우 복잡하게 나타남을 알 수 있다. 그것은 $z = 10$, 40, 80 mm일 때 x축 상의 음압 변화를 나타내는 그림 6.15로부터도 잘 알 수 있다. $z = 80$ mm 이상의 거리에서는 음압의 크기는 작아지고 폭은 넓어지나, 그림 6.15(c)와 유사한 형상을 유지한다.

이상에서 나타낸 이차원 음장의 형상은 $ka = 2\pi a/\lambda$가 같으면 같아진다. 즉, 음원의 크기와 파장의 비가 같으면 같은 모습의 음장을 형성한다. 따라서, 위의 결과들은 ka로 정규화하여 나타내기도 한다.

CHAPTER 06 문 제

1. 반지름 $a = 0.01$ m인 호흡구 형태의 음원이 수중에서 $f = 1500$ Hz의 진동수로 진동하고 있다. 호흡구 표면에서 입자속도의 진폭이 $U_0 = 1.0$ m/s 이었다면 호흡구의 중심으로부터 $r = 1.0$ m 떨어진 곳에서의 음향 강도, 음압 진폭 및 음향 파워를 각각 구하라. 이 때, 수중에서의 파장을 계산하여 호흡구의 반지름과 비교한 후 근사식을 사용하라.

2. 화면의 양 끝에 스피커가 장착된 텔레비전에서 스피커 사이의 거리가 $d = 1.0$ m이다. 텔레비전의 중심에서 $r = 2.0$ m 떨어진 거리에서 시청할 때 화면의 정면에서 듣는 소리와 정면으로부터 30°인 위치에서 듣는 소리의 음압 비는 얼마인가. 단, 두 스피커는 동일 위상이고 방송의 중심주파수는 $f = 170$ Hz이다.

3. 소형 스피커를 일렬로 늘어놓아 그 길이가 $L = 8.0$ m가 되게 하였다. 이것은 연속적인 선음원으로 볼 수 있다. 이 선음원의 중심으로부터 100 m 떨어진 지점에서 반지름 100 m의 원을 그리며 음원으로부터 방사되는 $f = 343/\pi$ Hz의 소리를 수신하고 있다. 음축으로부터 30° 방향의 소리는 음축 상에서의 소리에 비해 음압이 몇 배로 줄어들겠는가.

4. 수중에 있는 길이 $L = 0.1$ m, 주파수 $f = 30$ kHz인 선음원에서 음파가 방사되고 있다. 음축을 중심으로 주엽 양쪽의 음압이 최소가 되는 각도, 즉 주엽의 폭을 구하라.

5. 반지름 $a = 0.02$ m인 피스톤 형태의 음원이 수중에서 $f = 20$ kHz로 구동된다고 가정한다. 다음에 답하라.
   (a) 음축을 기준으로 원거리에서 압력이 0이 되는 가장 작은 각도를 구하라.
   (b) 부엽은 몇 개인가?
   (c) 주엽과 첫 부엽의 최대 음압의 비는 얼마가 되는가?
   (d) 음축에서 음압이 최대가 되는 가장 먼 거리는 얼마인가?

CHAPTER 07

파형 분석

7.1 주기파의 주파수 해석 – 푸리에 급수

지금까지는 주로 각주파수 또는 주파수가 일정한 정현파 파형을 갖는 조화파에 대하여 기술하였다. 그러나 실제의 진동이나 음파는 여러 가지 형태의 복잡한 파형을 갖는다. 그러한 파형은 크게 일정 시간 후에 같은 형태가 반복되는 **주기파**와 그렇지 않는 **비주기파**로 나눌 수 있다. 무한히 긴 시간 동안 지속되는 일정 진폭의 정현파는 단일 주파수를 갖는 주기파이다. 그러나 주기파이지만 정현파가 아닌 파형은 여러 가지 주파수 성분을 갖는다. 그리고 그 주파수 성분은 주기에 의해 특정된다. 즉, 정현파가 아닌 주기파는 특정한 주파수를 갖는 다수의 정현파의 합으로 나타낼 수 있다. 그 각각의 주파수 성분에 대한 정현파의 합을 무한급수로 나타낸 것을 **푸리에 급수**(Fourier series) 라고 한다. 나아가 그 각각의 성분 주파수에 대한 진폭과 위상을 표시한 그래프를 **선스펙트럼**(line spectrum)이라고 한다. 이 절에서는 푸리에 급수를 구하고, 주기파가 갖는 주파수 성분의 특성에 대해 알아본다.

프랑스 학자 푸리에에 의하면, 주기 T를 갖는 임의 형태의 주기파는 그 주기의 역수에 해당하는 주파수를 갖는 정현파(사인파 또는 코사인파)를 **기본 주파수**(fundamental frequency)로 하고, 그 주파수의 정수배에 해당하는 정현파인 **고조파**(harmonics)들의 무한 합으로 나타낼 수 있다. 이를 식으로 나타내면 주기함수 $g(t)$는 다음과 같이 주어진다.

$$
\begin{aligned}
g(t) &= g(t+T) \\
&= a_0 + a_1 \cos\omega_f t + a_2 \cos 2\omega_f t + a_3 \cos 3\omega_f t + \cdots \\
&\qquad + b_1 \sin\omega_f t + b_2 \sin 2\omega_f t + b_3 \sin 3\omega_f t + \cdots \\
&= a_0 + \sum_{n=1}^{\infty} (a_n \cos n\omega_f t + b_n \sin n\omega_f t)\ ;\ n = 1, 2, 3, \cdots
\end{aligned} \tag{7.1}
$$

여기서 ω_f는 주기 T의 역수에 2π를 곱한 것에 해당하는 **기본 각주파수**(fundamental angular frequency)이다. 즉, 다음과 같이 주어진다.

$$\omega_f = \frac{2\pi}{T} \tag{7.2}$$

그리고 $n\omega_f (n = 2, 3, 4, \cdots)$ 는 그 고조파로서 기본주파수의 정수배인 파들이다. 따라서 기본 각주파수 ω_f는 고조파 사이의 각주파수 차이 $\Delta\omega$에 해당한다. 즉, $\Delta\omega = \omega_f$이다.

식 (7.1)의 a_0, a_n, b_n을 **푸리에 계수**(Fourier coefficient)라고 하는데, 그 계수들은 각각 다음과 같이 구해진다.

$$a_0 = \frac{1}{T}\int_0^T g(t)dt \tag{7.3a}$$

$$a_n = \frac{2}{T}\int_0^T g(t)\cos n\omega_f t dt \tag{7.3b}$$

$$b_n = \frac{2}{T}\int_0^T g(t)\sin n\omega_f t dt \tag{7.3c}$$

$n = 0$에 해당하는 a_0는 주파수와 무관한 직류성분을 나타내며, 식 (7.3a)에 주어진 것처럼 주기함수 $g(t)$의 평균값에 해당한다. 그리고 $\cos n\omega_f t$가 곱해져 있는 식 (7.3b)의 a_n은 **푸리에 급수의 여현 성분**, $\sin n\omega_t t$가 곱해져 있는 식 (7.3c)의 b_n은 **푸리에 급수의 정현 성분**이라고 부른다. 각 계수가 어떻게 위와 같이 구해지는가에 대해 알고자 한다면 식 (7.1)에 나타낸 $g(t)$를 식 (7.3)에 직접 대입해 보면 된다. 그에 대해서는 참고로서 아래에 기술해 두었다.

참고 푸리에 계수를 구하는 식의 도출

가. 직류 성분 a_0

식 (7.1)의 양변을 한주기 동안 적분하면 다음과 같이 된다.

$$\begin{aligned}\int_0^T g(t)dt &= \int_0^T a_0 dt + \int_0^T \sum_{n=1}^{\infty} a_n \cos n\omega_f t\, dt + \int_0^T \sum_{n=1}^{\infty} b_n \sin n\omega_f t\, dt \\ &= [a_0 t]_0^T + \sum_{n=1}^{\infty} \frac{a_n}{n\omega_f}[\sin n\omega_f t]_0^T + \sum_{n=1}^{\infty} \frac{b_n}{n\omega_f}[-\cos n\omega_f t]_0^T \\ &= a_0 T + \sum_{n=0}^{\infty} \frac{a_n}{n\omega_f}(\sin 2n\pi - 0) - \sum_{n=1}^{\infty} \frac{b_n}{n\omega_f}(\cos 2n\pi - 1) \\ &= a_0 T \end{aligned} \tag{7.4}$$

이로부터 식 (7.3a)의 a_0가 얻어진다.

나. 여현 성분 a_n

식 (7.1)의 양변에 $\cos m\omega_f t$ (단, m은 임의의 자연수)를 곱하여 한주기 적분하면 다음과 같다.

$$\begin{aligned}&\int_0^T g(t)\cos m\omega_f t dt \\ &= \int_0^T a_0 \cos m\omega_f t dt \\ &\quad + \sum_{n=1}^{\infty}\left[\int_0^T a_n \cos n\omega_f t \cos m\omega_f t dt + \int_0^T b_n \sin n\omega_f t \cos m\omega_f t dt\right] \\ &= \sum_{n=1}^{\infty}\left[\int_0^T \frac{a_n}{2}(\cos(n+m)\omega_f t + \cos(n-m)\omega_f t)dt \right. \\ &\quad \left. + \int_0^T \frac{b_n}{2}(\sin(n+m)\omega_f t + \sin(n-m)\omega_f t)dt\right] \\ &= \sum_{n=1}^{\infty} \frac{a_n}{2}\left[\frac{\sin(n+m)\omega_f t}{(n+m)\omega_f} + \frac{\sin(n-m)\omega_f t}{(n-m)\omega_f}\right]_0^T\end{aligned}$$

$$= \sum_{n=1}^{\infty} \frac{a_n}{2} \left[\frac{\sin(n+m)\omega_f t}{(n+m)\omega_f} + \frac{\sin(n-m)\omega_f t}{(n-m)\omega_f} \right]_0^T$$

$$- \sum_{n=1}^{\infty} \frac{b_n}{2} \left[\frac{\cos(n+m)\omega_f t}{(n+m)\omega_f} + \frac{\cos(n-m)\omega_f t}{(n-m)\omega_f} \right]_0^T$$

$$= \sum_{n=1}^{\infty} \frac{a_n}{2} \left[\frac{\sin(n+m)\omega_f T}{(n+m)\omega_f} + \frac{\sin(n-m)\omega_f T}{(n-m)\omega_f} - \frac{\sin 0}{(n+m)\omega_f} - \frac{\sin 0}{(n-m)\omega_f} \right]$$

$$- \sum_{n=1}^{\infty} \frac{b_n}{2} \left[\frac{\cos(n+m)\omega_f T}{(n+m)\omega_f} - \frac{\cos 0}{(n+m)\omega_f} + \frac{\cos(n-m)\omega_f T}{(n-m)\omega_f} - \frac{\cos 0}{(n-m)\omega_f} \right]$$

$$= \sum_{n=1}^{\infty} \frac{a_n T}{2} \frac{\sin(n-m)\omega_f T}{(n-m)\omega_f T} \tag{7.5}$$

위 식의 우변에서, 단순한 정현파의 한주기 적분은 0이 되고, $\omega_f T = 2\pi$인 점을 고려하면 싱크함수의 형태를 갖는 항을 제외한 모든 항은 서로 상쇄되거나 0이 되어 없어진다. 그러나, 싱크함수는 인자 $\nu \to 0$일 때 다음과 같이 되기 때문에 남게 된다.

$$\lim_{\nu \to 0} \frac{\sin \nu}{\nu} = 1 \tag{7.6}$$

따라서 식 (7.5)는 다음과 같이 된다.

$$\int_0^T g(t) \cos m\omega_f t = \begin{cases} \dfrac{a_n}{2} T & ;\ n = m \text{ 일 때} \\ 0 & ;\ n \neq m \text{ 일 때} \end{cases} \tag{7.7}$$

즉, $n = m$일 때만 값이 존재하며, 그것은 다음과 같다.

$$\int_0^T g(t) \cos n\omega_f t dt = \frac{T}{2} a_n \tag{7.8}$$

이에 따라 식 (7.3b)의 a_n가 얻어진다.

다. 정현 성분 b_n

식 (7.1)의 양변에 $\sin m\omega_f t$를 곱하여 한주기 적분하면 다음과 같이 된다.

$$\begin{aligned}
&\int_0^T g(t)\sin m\omega_f t dt \\
&= \int_0^T a_0 \sin m\omega_f t dt \\
&\qquad + \sum_{n=1}^{\infty}\left[\int_0^T a_n \cos n\omega_f t \sin m\omega_f t dt + \int_0^T b_n \sin n\omega_f t \sin m\omega_f t dt\right] \\
&= \sum_{n=1}^{\infty}\int_0^T \frac{a_n}{2}\{\sin(m+n)\omega_f t + \sin(m-n)\omega_f t\}dt \\
&\qquad + \sum_{n=1}^{\infty}\int_0^T \frac{b_n}{2}\{\cos(m-n)\omega_f t - \cos(m+n)\omega_f t\}dt \\
&= \sum_{n=1}^{\infty}\frac{-a_n}{2}\left(\left[\frac{\cos(m+n)\omega_f t}{(m+n)\omega_f}\right]_0^T + \left[\frac{\cos(m-n)\omega_f t}{(m-n)\omega_f}\right]_0^T\right) \\
&\qquad + \sum_{n=1}^{\infty}\frac{b_n}{2}\left(\left[\frac{\sin(m-n)\omega_f t}{(m-n)\omega_f}\right]_0^T - \left[\frac{\sin(m+n)\omega_f t}{(m+n)\omega_f}\right]_0^T\right) \\
&= \sum_{n=1}^{\infty}\frac{b_n T}{2}\frac{\sin(m-n)\omega_f T}{(m-n)\omega_f T}
\end{aligned} \tag{7.9}$$

위 식의 우변에서도 여현 성분 a_n을 구할 때와 동일하게 싱크함수의 형태를 갖는 항을 제외한 모든 항은 서로 상쇄되거나 0이 되어 없어진다. 따라서 다음과 같이 된다.

$$\int_0^T g(t)\sin m\omega_f t dt = \begin{cases} \dfrac{b_n}{2}T & ; n=m \text{ 일 때} \\ 0 & ; n\neq m \text{ 일 때} \end{cases} \tag{7.10}$$

즉, $n=m$일 때만 값이 존재하며 다음과 같이 된다.

$$\int_0^T g(t)\sin n\omega_f t dt = \frac{T}{2}b_n \tag{7.11}$$

이에 따라 식 (7.3c)의 b_n가 얻어진다.

푸리에 계수는 주어진 주기파의 파형에 따라 다음과 같은 특성을 갖는다.

1) 한 주기 동안 +영역과 -영역의 면적이 같은 경우 직류성분은 없다. 즉, $a_0 = 0$이다.
2) 원점 대칭인 기함수(odd function), 즉 $g(t) = -g(-t)$일 때는 여현 성분은 없다. 즉, $a_n = 0$이다.
3) 좌우 대칭인 우함수(even function), 즉 $g(t) = g(-t)$일 때는 정현 성분은 없다. 즉, $b_n = 0$이다.
4) 반주기 이후에 부호가 반대이면서 동일한 파형이 나타나는 반파 대칭일 때, 즉 $g(t) = -g(t+T/2)$일 때는 시간 축을 중심으로 상하의 면적이 같으므로 위의 1)에 해당하여 $a_0 = 0$이다. a_n과 b_n은 반주기에 대해서만 계산하면 되므로 T 대신에 $T/2$를 대입한다. 즉, 다음의 식으로 구한다.

$$a_0 = 0 \tag{7.12a}$$

$$a_n = \frac{4}{T}\int_0^{T/2} g(t)\cos n\omega_f t\,dt \tag{7.12b}$$

$$b_n = \frac{4}{T}\int_0^{T/2} g(t)\sin n\omega_f t\,dt \tag{7.12c}$$

5) 반주기 이후에 주기가 $T = 1/\omega_f$인 원래의 파형에 대해 부호가 반대이면서 동일한 파형이 나타나는 반파 대칭일 때, 즉 원래의 파형에 대해 $g(t) = -g(t+T/2)$일 때도 그 반주기에 대해서만 계산하면 된다. 단, 이 때는 직류 성분이 있으므로 a_0 에 대해서도 T 대신에 $T/2$를 대입한 다음의 식으로 구한다.

$$a_0 = \frac{2}{T}\int_0^{T/2} g(t)dt \tag{7.13}$$

이러한 특성을 알면 각 계수를 더욱 쉽게 구할 수 있다. 당연한 얘기지만 이 식 (7.12)와 식 (7.13)에 의해 구한 결과는 식 (7.3)으로 구한 결과와 일치한다.

또한, $\theta = \omega_f t$를 이용하면 $d\theta = \omega_f dt$이고, $t = T$일 때 $\theta = 2\pi$이므로 식 (7.3)의 각 계수는 다음과 같이 구할 수 있다.

$$a_0 = \frac{1}{2\pi}\int_0^{2\pi} g(\theta)d\theta \tag{7.14a}$$

$$a_n = \frac{1}{\pi}\int_0^{2\pi} g(\theta)\cos n\theta d\theta \tag{7.14b}$$

$$b_n = \frac{1}{\pi}\int_0^{2\pi} g(\theta)\sin n\theta d\theta \tag{7.14c}$$

즉, 시간에 대한 적분이 각도에 대한 적분으로 바뀌는데, 실제의 계산에서는 이들 식을 이용하는 것이 편리할 때가 많다.

예를 들어 그림 7.1에 나타낸 **사각파**(rectangular wave)에 대한 푸리에 급수를 구해보자. 이 파의 한 주기에 대한 식을 다음과 같이 표현한다.

$$g(t) = \begin{cases} V_m \ ; & 0 < t \le T/2 \\ -V_m \ ; & T/2 < t \le T \end{cases} \tag{7.15}$$

이 파는 $g(t) = -g(-t)$인 원점 대칭의 기함수이므로 여현 성분은 없다. 즉, $a_n = 0$이다. 그리고 반주기 이후에 부호가 반대이면서 동일한 파형이 나타나는 반파 대칭이므로 직류성분도 없다. 즉, $a_0 = 0$이다. 따라서, b_n만 식 (7.12c)에 의해 구하면 된다. 여기서는 연습의 차원에서 식 (7.3) 및 그 식을 각도로 변환한 식 (7.14)에 의해 각 계수를 구하였다.

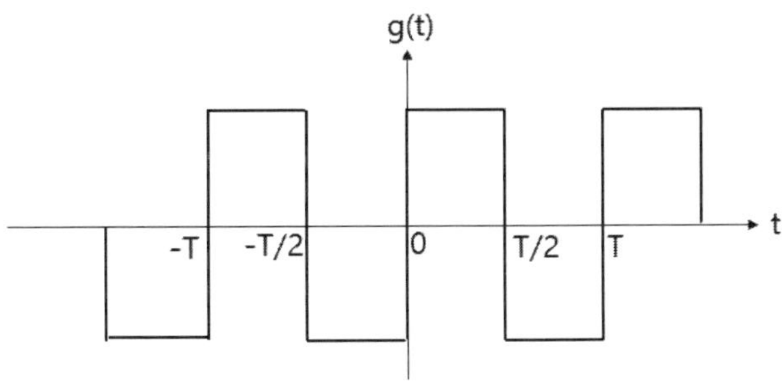

그림 7.1 사각파의 파형

(1) 직류 성분 a_0

$$a_0 = \frac{1}{T}\left\{\int_0^{\frac{T}{2}} V_m dt + \int_{\frac{T}{2}}^{T}(-V_m)dt\right\}$$

$$= \frac{V_m}{T}\left\{[t]_0^{T/2} - [t]_{T/2}^{T}\right\} = 0 \tag{7.16}$$

(2) 여현 성분 a_n

$$a_n = \frac{2}{T}\left\{\int_0^{\frac{T}{2}} V_m \cos n\omega_f t dt - \int_{\frac{T}{2}}^{T} V_m \cos n\omega_f t dt\right\} \tag{7.17}$$

이것을 각도로 변환하여 계산하면 다음과 같이 된다.

$$a_n = \frac{1}{\pi}\left\{\int_0^{\pi} V_m \cos n\theta d\theta - \int_{\pi}^{2\pi} V_m \cos n\theta d\theta\right\}$$

$$= \frac{V_m}{\pi}\left(\left[\frac{1}{n}\sin n\theta\right]_0^{\pi} - \left[\frac{1}{n}\sin n\theta\right]_{\pi}^{2\pi}\right) = 0 \tag{7.18}$$

이와 같은 정현함수의 적분에 있어서 두 번째 항의 적분 구간 π에서 2π까지를 2π에서 π까지, 즉 0에서 π까지로 바꾸면 첫 번째 항과 같아지면서 부호가 반대가 된다. 따라서 괄호 ( )안은 첫 번째 항의 두 배가 된다.

(3) 정현 성분 b_n

$$b_n = \frac{2}{T}\left\{\int_0^{\frac{T}{2}} V_m \sin n\omega t dt - \int_{\frac{T}{2}}^{T} V_m \sin n\omega t dt\right\} \tag{7.19}$$

이것을 각도로 변환하면 다음과 같이 된다.

$$b_n = \frac{1}{\pi}\left\{\int_0^{\pi} V_m \sin n\theta\, d\theta - \int_{\pi}^{2\pi} V_m \sin n\theta\, d\theta\right\} \tag{7.20}$$

여기서도 두 번째 항의 적분 구간을 반대로 하면 다음과 같이 된다.

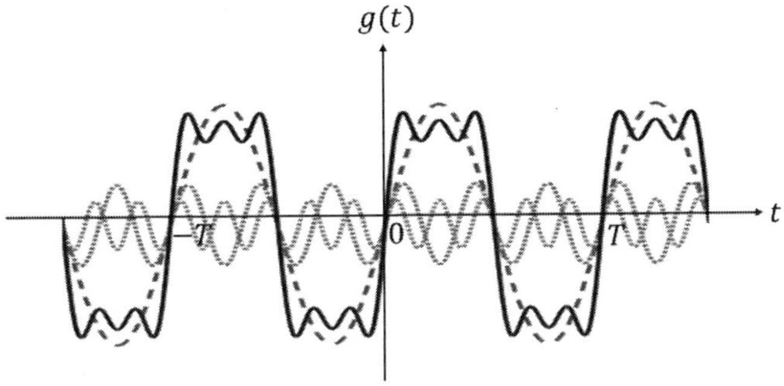

그림 7.2 푸리에 급수에 의한 사각파 형성

$$b_n = -\frac{2V_m}{\pi}\left[\frac{1}{n}\cos n\theta\right]_0^{\pi} = -\frac{2V_m}{n\pi}(\cos n\pi - 1) \tag{7.21}$$

이 값은 n이 홀수냐 짝수냐에 따라 다음과 같이 된다.

$$b_n = \begin{cases} \dfrac{4V_m}{n\pi}; & n = \text{홀수일 때} \\ 0 \ ; & n = \text{짝수일 때} \end{cases} \tag{7.22}$$

따라서 함수 $g(t)$는 다음과 같이 푸리에 급수로 주어진다.

$$\begin{aligned} g(t) &= \frac{4V_m}{\pi}\left(\sin\omega t + \frac{1}{3}\sin 3\omega t + \frac{1}{5}\sin 5\omega t + \cdots\right) \\ &= \sum_{n=1}^{\infty}\frac{4V_m}{n\pi}\sin n\omega t \end{aligned} \tag{7.23}$$

그림 7.2는 이 푸리에 급수가 사각파를 형성하는 과정을 나타낸다,

또 하나의 예를 들어, 그림 7.3에 주어진 **전파 정류**(full-wave rectified)된 전압 파형에 대한 푸리에 급수를 구하면 다음과 같다. 먼저, 한 주기에 대한 전압 파형의 식을 다음과 같이 표현한다.

$$g(t) = \begin{cases} V_m \sin\omega_f t \ ; & 0 < t \le T/2 \\ -V_m \sin\omega_f t ; & T/2 < t \le T \end{cases} \tag{7.24}$$

이 파는 $g(t) = g(-t)$인 좌우 대칭의 우함수이므로 정현 성분은 없다. 즉, $b_n = 0$이다.

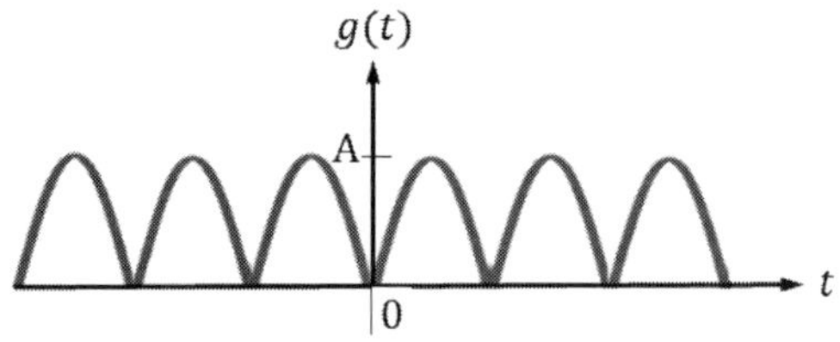

그림 7.3 전파 정류파의 파형

그리고, 반주기 이후에 주기가 원래의 파형 $g(t)=V_m\sin\omega_f t$에 대해 부호가 반대이면서 같은 파형이 나타나는 반파 대칭이므로 a_0와 a_n은 각각 식 (7.13)과 식 (7.12b)에 의해 구한다. 각 식을 각도에 관한 식으로 바꾸어 계산하면 다음과 같이 구해진다.

(1) 직류 성분 a_0

$$a_0=\frac{V_m}{\pi}\int_0^{\pi}\sin\theta d\theta=-\frac{V_m}{\pi}[\cos\theta]_0^{\pi}=\frac{2}{\pi}V_m \tag{7.25}$$

(2) 여현 성분 a_n

$$a_n=\frac{2}{\pi}\int_0^{\pi}V_m\sin\theta\cos n\theta d\theta$$

$$=\frac{2V_m}{\pi}\left[\int_0^{\pi}\frac{1}{2}\{\sin(1+n)\theta+\sin(1-n)\theta\}d\theta\right.$$

$$=-\frac{V_m}{\pi}\left[\frac{1}{1+n}\cos(1+n)\theta+\frac{1}{1-n}\cos(1-n)\theta\right]_0^{\pi}\Bigg\}$$

$$=-\frac{V_m}{\pi}\left[\left\{\frac{1}{1+n}cos(1+n)\pi+\frac{1}{1-n}cos(1-n)\pi-\frac{1}{1+n}-\frac{1}{1-n}\right\}\right] \tag{7.26}$$

이 식은 n이 홀수일 때 제1항과 제3항, 제2항과 제4항이 서로 상쇄되어 없어진다. 즉, 다음과 같이 된다.

$$a_n=0\ ;\ n=\text{홀수일 때}$$

그리고 n이 짝수일 때는 다음과 같다.

$$a_2 = -\frac{V_m}{\pi}\left(-\frac{1}{3}+1-\frac{1}{3}+1\right) = -\frac{4V_m}{3\pi}$$

$$a_4 = -\frac{V_m}{\pi}\left(-\frac{1}{5}+\frac{1}{3}-\frac{1}{5}+\frac{1}{3}\right) = -\frac{4V_m}{15\pi}$$

$$a_6 = -\frac{V_m}{\pi}\left(-\frac{1}{7}+\frac{1}{5}-\frac{1}{7}+\frac{1}{5}\right) = -\frac{4V_m}{35\pi}$$

$$\vdots$$

따라서 함수 $g(t)$는 다음과 같이 푸리에 급수로 주어진다.

$$\begin{aligned} g(t) &= \frac{2}{\pi}V_m - \frac{4V_m}{3\pi}\cos 2\omega_f t - \frac{4V_m}{15\pi}\cos 4\omega_f t - \frac{4V_m}{35\pi}\cos 6\omega_f t - \cdots \\ &= \frac{2}{\pi}V_m - \frac{4V_m}{\pi}\left(\frac{1}{3}\cos 2\omega_f t - \frac{1}{15}\cos 4\omega_f t - \frac{1}{35}\cos 6\omega_f t - \cdots\right) \end{aligned} \quad (7.27)$$

예제 7.1 그림 7.4와 같은 **톱니파**(sawtooth wave)에 대한 푸리에 급수를 구하라. 그리고 그 결과를 선스펙트럼으로 나타내어라.

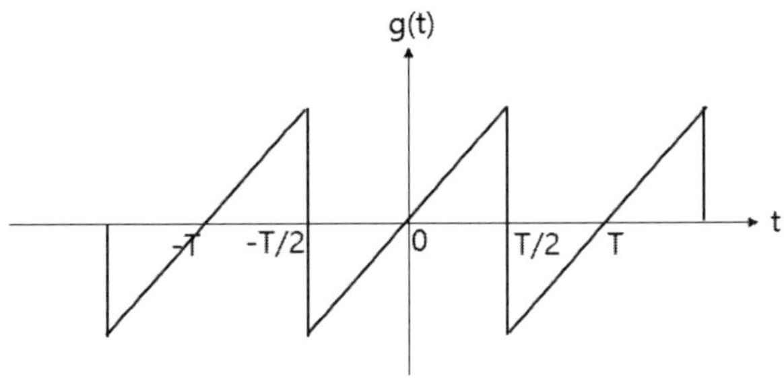

그림 7.4 톱니파형

한편, 푸리에 급수에서 성분 주파수 각각은 사인 및 코사인 함수로 표현된 정현파의 합이다. 따라서 푸리에 계수 a_n과 b_n이 구해지면 푸리에 급수를 다음과 같이 사인 함수 하나만으로도 나타낼 수 있다. 먼저 그림 7.5과 같은 직각 삼각형을 고려하여 a_n과 b_n을 식 (7.28)과 같이 각각 나타낸다.

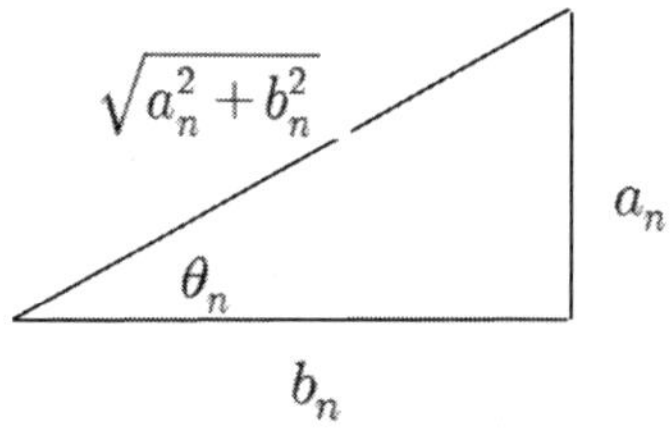

그림 7.5 푸리에 계수를 나타내는 삼각도

$$a_n = \sqrt{a_n^2+b_n^2}\,\sin\theta_n \tag{7.28a}$$

$$b_n = \sqrt{a_n^2+b_n^2}\,\cos\theta_n \tag{7.28b}$$

그러면 식 (7.1)은 다음과 같이 사인 함수로만 나타내어진다.

$$\begin{aligned} g(t) &= a_0 + \sum_{n=1}^{\infty} \sqrt{a_n^2+b_n^2}\,(\cos n\omega_f t \sin\theta_n + \sin n\omega_f t \cos\theta_n) \\ &= a_0 + \sum_{n=1}^{\infty} C_n \sin(n\omega_f t + \theta_n) \end{aligned} \tag{7.29}$$

이 식에서 주파수가 다른 각 정현파 성분의 진폭인 C_n과 위상인 θ_n은 다음과 같이 주어진다.

$$C_n = \sqrt{a_n^2+b_n^2} \tag{7.30a}$$

$$\theta_n = \tan^{-1}\frac{a_n}{b_n} \tag{7.30b}$$

제2장 및 제4.2절에서 논의한 바와 같이 θ_n의 정의를 달리하면 식 (7.15)는 코사인 함수로도 나타낼 수 있다.

7.2 복소 푸리에 급수

식 (2.14)의 오일러 공식으로부터 코사인과 사인 함수는 다음과 같이 지수함수로 주어진다.

$$\cos x = \frac{e^{jx} + e^{-jx}}{2}, \quad \sin x = \frac{e^{jx} - e^{-jx}}{2j} \tag{7.31}$$

이 관계를 이용하여 식 (7.1)에 나타낸 푸리에 급수를 지수함수에 의해 복소 표시하면 다음과 같이 된다.

$$\begin{aligned} g(t) &= a_0 + \sum_{n=1}^{\infty} (a_n \cos n\omega_f t + b_n \sin n\omega_f t) \\ &= a_0 + \sum_{n=1}^{\infty} \left\{ \frac{a_n}{2}(e^{jn\omega_f t} + e^{-jn\omega_f t}) + \frac{b_n}{2j}(e^{jn\omega_f t} - e^{-jn\omega_f t}) \right\} \\ &= a_0 + \frac{1}{2}\sum_{n=1}^{\infty} \left\{ (a_n - jb_n)e^{jn\omega_f t} + (a_n + jb_n)e^{-jn\omega_f t} \right\} \\ &= a_0 + \frac{1}{2}\sum_{n=1}^{\infty} (a_n - jb_n)e^{jn\omega_f t} + \frac{1}{2}\sum_{n=-1}^{-\infty} (a_{-n} + jb_{-n})e^{jn\omega_f t} \\ &= \sum_{n=-\infty}^{\infty} \boldsymbol{C}_n e^{jn\omega_f t} \end{aligned} \tag{7.32}$$

여기서 각각의 주파수의 복소 진폭에 해당하는 $\boldsymbol{C}_n$은 다음과 같다.

$$\boldsymbol{C}_n = \begin{cases} \dfrac{a_n - jb_n}{2} & ;\ n = 1 \sim \infty \\ a_0 & ;\ n = 0 \\ \dfrac{a_{-n} + jb_{-n}}{2} & ;\ n = -1 \sim -\infty \end{cases} \tag{7.33}$$

여기에 식 (7.3)에 나타낸 푸리에 급수의 계수들을 대입하면 다음과 같아진다.

$$\boldsymbol{C}_n = \begin{cases} \dfrac{a_n - jb_n}{2} = \dfrac{1}{T}\displaystyle\int_{-T/2}^{T/2} g(t)(\cos n\omega_f t - j\sin n\omega_f t)dt; & n = 1 \sim \infty \\ a_0 = \dfrac{1}{T}\displaystyle\int_{-T/2}^{T/2} g(t)dt; & n = 0 \\ \dfrac{a_{-n} + jb_{-n}}{2} = \dfrac{1}{T}\displaystyle\int_{-T/2}^{T/2} g(t)\{\cos n\omega_f t - j\sin n\omega_f t\}dt; & n = -1 \sim -\infty \end{cases} \tag{7.34}$$

이 $\boldsymbol{C}_n$은 n이 $-\infty$에서 $+\infty$까지의 모든 주파수 성분에 대한 것이므로 위 식은 다음과 같이 하나의 식으로 나타낼 수 있다.

$$C_n = \frac{1}{T}\int_{-T/2}^{T/2} g(t)e^{-jn\omega_f t}dt \ ; \quad n = -\infty \sim +\infty \tag{7.35}$$

나아가 이 식은 다음과 같이 나타내어진다.

$$C_n = \frac{1}{T}\int_{-T/2}^{T/2} g(t)e^{-j\omega t}dt \tag{7.36}$$

단, $\omega = n\omega_f$

복소 푸리에 계수에 해당하는 이 복소 진폭 C_n은 ω의 함수이므로 각각의 성분파의 주파수에 따라 크기와 위상이 달라진다. C_n은 복소수이므로 그 실수부와 허수부로 표시하여 다음과 같이 두자.

$$C_n(\omega) = R_n(\omega) + jI_n(\omega) \tag{7.37}$$

그러면 그 크기와 위상은 각각 다음과 같이 구해진다.

$$|C_n| = \sqrt{R_n^2 + I_n^2} \tag{7.38a}$$

$$\theta_n = \tan^{-1}\frac{I_n}{R_n} \tag{7.38b}$$

이 복소 진폭의 크기 $|C_n|$을 그래프로 나타낸 것을 **진폭 스펙트럼**(amplitude spectrum)이라고 부르고, 위상 θ_n를 그래프로 나타낸 것을 **위상 스펙트럼**(phase spectrum)이라고 한다. 그리고 $|C_n|$을 제곱한 것, 즉 다음을 그래프로 나타낸 것을 **파워 스펙트럼**(power spectrum)이라고 한다.

$$|C_n|^2 = R_n^2 + I_n^2 \tag{7.39}$$

7.3 비주기파의 주파수 해석 – 푸리에 변환

일정 시간에만 존재하는 펄스파나 영원히 반복되지 않는 비주기파는 그 주파수 성분이 특정되어 있지 않고 연속적으로 나타난다. 따라서 주파수 영역에서도 시간 영역에서처럼 함수 형태로 나타난다. 즉, 모든 주파수의 진폭과 위상은 연속적인 그래프로 나타내어지는데, 그 그래프를 **연속 스펙트럼**(continuous spectrum)이라고 한다. 그리고 이 때 그 주파수 함수를 구하는 것을 **푸리에 변환**(Fourier transform)이라고 한다. 여기서는 푸리에 변환에 의해 비주기파에 대한 주파수 특성을 구하는 방법에 대해 파악하기로 한다.

비주기파는 주기가 무한대인 파로 간주할 수 있다. 따라서 그 주파수 성분을 구하기 위해서는 앞 절에서 기술한 복소 푸리에 급수에서 주기를 무한대($T \to \infty$)로 하여 해석하면 된다. 주기 T가 무한대가 되면 푸리에 급수에서 각 고조파간의 주파수 간격에 해당하는 $\Delta f = 1/T$가 0이 되어 복소 푸리에 해석에서 $\omega = n\omega_f$로 두었던 ω는 연속함수가 된다.

시간 함수 $g(t)$를 각주파수 함수 $\boldsymbol{G}(\omega)$로 변환하는 **푸리에 변환식**은 다음과 같이 정의된다.

$$\boldsymbol{G}(\omega) = \frac{1}{2\pi}\int_{-\infty}^{\infty} g(t)e^{-j\omega t}\,dt \tag{7.40}$$

이 식은 식 (7.21)에서 주기 T를 무한대로 생각한 것이다. 이 때 $1/T$이 0이 되는 것을 피하기 위한 계수 조정을 위해 $1/\infty$ 대신에 $1/2\pi$을 도입하였다. 실제의 파형 해석에서는 각주파수 ω보다는 헤르츠 [Hz]를 단위로 하는 주파수 f의 함수로 변환한다. 그 때의 **푸리에 변환식**은 다음과 같다.

$$\boldsymbol{G}(f) = \int_{-\infty}^{\infty} g(t)e^{-j2\pi ft}\,dt \tag{7.41}$$

역으로 각주파수 또는 주파수 함수인 $\boldsymbol{G}(\omega)$나 $\boldsymbol{G}(f)$가 주어졌을 때 시간 함수인 $g(t)$를 구하는 식은 다음과 같다.

$$g(t) = \begin{cases} \displaystyle\int_{-\infty}^{\infty} \boldsymbol{G}(\omega)e^{j\omega t}d\omega \\ \displaystyle\frac{1}{2\pi}\int_{-\infty}^{\infty} \boldsymbol{G}(f)e^{j2\pi ft}df \end{cases} \tag{7.42}$$

이처럼 주파수 함수를 시간 함수로 변환하는 것을 **푸리에 역변환**(inverse Fourier transform: IFT)이라고 한다.

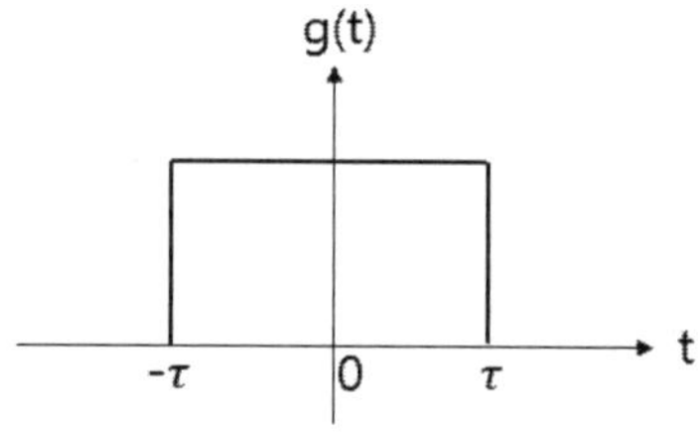

그림 7.6 고립된 사각 펄스 파형

예를 들어 그림 7.6에 나타낸 고립된 사각 펄스 파형의 푸리에 변환은 다음과 같다. 먼저, 이 파를 함수로 다음과 같이 나타낸다.

$$g(t) = \begin{cases} 1\ ;\ |t| \leq \tau \\ 0\ ;\ |t| > \tau \end{cases} \tag{7.43}$$

여기에 푸리에 변환의 정의식인 식 (7.40)를 적용하면 다음과 같아진다.

$$\begin{aligned} \boldsymbol{G}(\omega) &= \frac{1}{2\pi}\int_{-\infty}^{\infty} g(t)e^{-jwt}dt \ = \frac{1}{2\pi}\int_{-\tau}^{\tau} e^{-jwt}dt \\ &= \frac{-1}{2\pi j\omega}\left[e^{-jwt}\right]_{-\tau}^{\tau} \ = \frac{1}{\pi\omega}\frac{e^{jw\tau}-e^{-jw\tau}}{2j} \\ &= \frac{\tau}{\pi}\frac{\sin\omega\tau}{\omega\tau} \ = \frac{\tau}{\pi}\operatorname{sinc}\omega\tau \end{aligned} \tag{7.44}$$

또는 다음과 같이 구할 수 있다.

$$\begin{aligned} \boldsymbol{G}(w) &= \frac{1}{2\pi}\int_{-\infty}^{\infty} g(t)e^{-jwt}dt \\ &= \frac{1}{2\pi}\int_{-\tau}^{\tau}\cos\omega t dt - j\frac{1}{2\pi}\int_{-\tau}^{\tau}\sin\omega t dt \end{aligned} \tag{7.45}$$

이 식의 두 번째 항은 기함수이므로 적분하면 0이 된다. 따라서 다음과 같이 된다.

$$\begin{aligned} \boldsymbol{G}(\omega) &= \frac{1}{2\pi}\int_{-\tau}^{\tau}\cos\omega t dt \ = \frac{1}{2\pi\omega}\left[\sin\omega t\right]_{-\tau}^{\tau} \\ &= \frac{\tau}{\pi}\frac{\sin\omega\tau}{\omega\tau} = \frac{\tau}{\pi}\operatorname{sinc}\omega\tau \end{aligned} \tag{7.46}$$

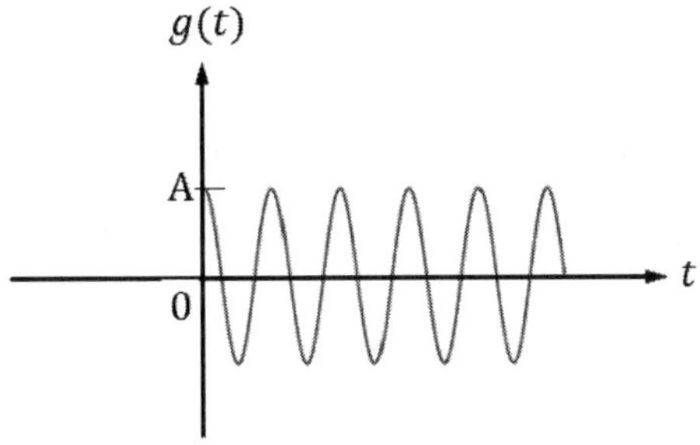

그림 7.7 $t=0$에서 발생한 코사인파

즉, 고립된 사각파의 주파수 스펙트럼은 싱크함수로 나타난다. 이에 대한 그림은 후술하는 그림 7.8(c), (d)에 나타나 있다. 그 그림에서 알 수 있는 바와 같이 펄스 폭이 크면 클수록 스펙트럼은 좁게 나타난다. 따라서 직류는 펄스 폭이 무한히 큰 사각파로 간주할 수 있으므로 그림 7.8(a)와 같이 주파수 $f=0$에서 임펄스 형태로 나타난다.

또 하나의 예를 들어 그림 7.7과 같이 변하는 파형에 대한 푸리에 변환을 구해보자. 이 파형은 함수는 $t=0$에서 가해지는 외부 구동력의 파형과 같은데, 다음과 같이 수식으로 표현된다.

$$g(t)=\begin{cases} A\cos\omega_f t\,; & t\geq 0 \\ \quad 0 \quad\;\;; & t<0 \end{cases} \tag{7.47}$$

여기서, ω_f는 코사인파의 각주파수이다. 여기에 푸리에 변환의 정의식인 식 (7.40)를 적용하면 다음과 같아진다.

$$\boldsymbol{G}(w)=\frac{A}{2\pi}\int_0^{\infty}\cos\omega_f t\, e^{-j\omega t}\,dt \tag{7.48}$$

두 함수의 곱으로 주어진 이 함수를 적분하는 데는 다음의 부분적분 공식을 사용한다.

$$\int udv = uv-\int vdu \tag{7.49}$$

따라서 식 (7.48)은 다음과 같이 전개된다.

$$\begin{aligned} \boldsymbol{G}(\omega) &= \frac{A}{2\pi}\left\{\left[\cos\omega_f t\left(\frac{1}{-j\omega}\right)e^{-j\omega t}\right]_0^\infty - \int_0^\infty \omega_f \sin\omega_f t\left(\frac{1}{j\omega}\right)e^{-j\omega t}dt\right\} \\ &= \frac{A}{2\pi}\left\{\frac{1}{j\omega} - \frac{\omega_f}{j\omega}\left(\left[\sin\omega_f t\frac{1}{-j\omega}e^{-j\omega t}\right]_0^\infty - \int_0^\infty \omega_f \cos\omega_f t\left(\frac{1}{-j\omega}\right)e^{-j\omega t}dt\right)\right\} \\ &= \frac{A}{2\pi}\left\{\frac{1}{j\omega} + \frac{\omega_f^2}{\omega^2}\int_0^\infty \cos\omega_f t\, e^{-j\omega t}dt\right\} \end{aligned} \tag{7.50}$$

최종식 두 번째 항의 적분이 식 (7.48)에 나타낸 $\boldsymbol{G}(w)$ 자신임을 고려하면 다음과 같이 정리된다.

$$\left(1 - \frac{\omega_f^2}{\omega^2}\right)\boldsymbol{G}(\omega) = \frac{A}{2\pi}\frac{1}{j\omega} \tag{7.51}$$

따라서 $\boldsymbol{G}(w)$는 다음과 같이 주어진다.

$$\boldsymbol{G}(\omega) = \frac{A}{2\pi}\left(\frac{j\omega}{\omega_f^2 - \omega^2}\right) \tag{7.52}$$

시간 영역(time domain)의 함수를 **주파수 영역**(frequency domain)으로 바꾸는 푸리에 변환은 다음과 같은 특성이 있다.

1) 주파수는 $-\infty \sim +\infty$의 값을 가지며, +와 - 주파수에서 대칭적으로 나타난다.
2) 시간 영역에서 폭이 넓은 파는 주파수 영역에서 폭이 좁아진다.
3) 시간에 따라 변하지 않는 파는 직류이므로 $f=0$이다. 따라서 $f=0$에 직류의 크기에 비례하는 크기를 갖는 단일 선스펙트럼을 갖는다.
4) 영원히 지속하는 정현파는 하나의 주파수 성분을 갖는다.

이러한 관계는 푸리에 역변환에서도 동일하여 시간과 주파수는 서로 상응하는 관계에 있다.

그림 7.8는 몇 가지에서 파형에 대한 푸리에 변환과 역변환은 관계를 모식적으로 나타낸다. 이 그림으로부터 위의 특성을 파악할 수 있다.

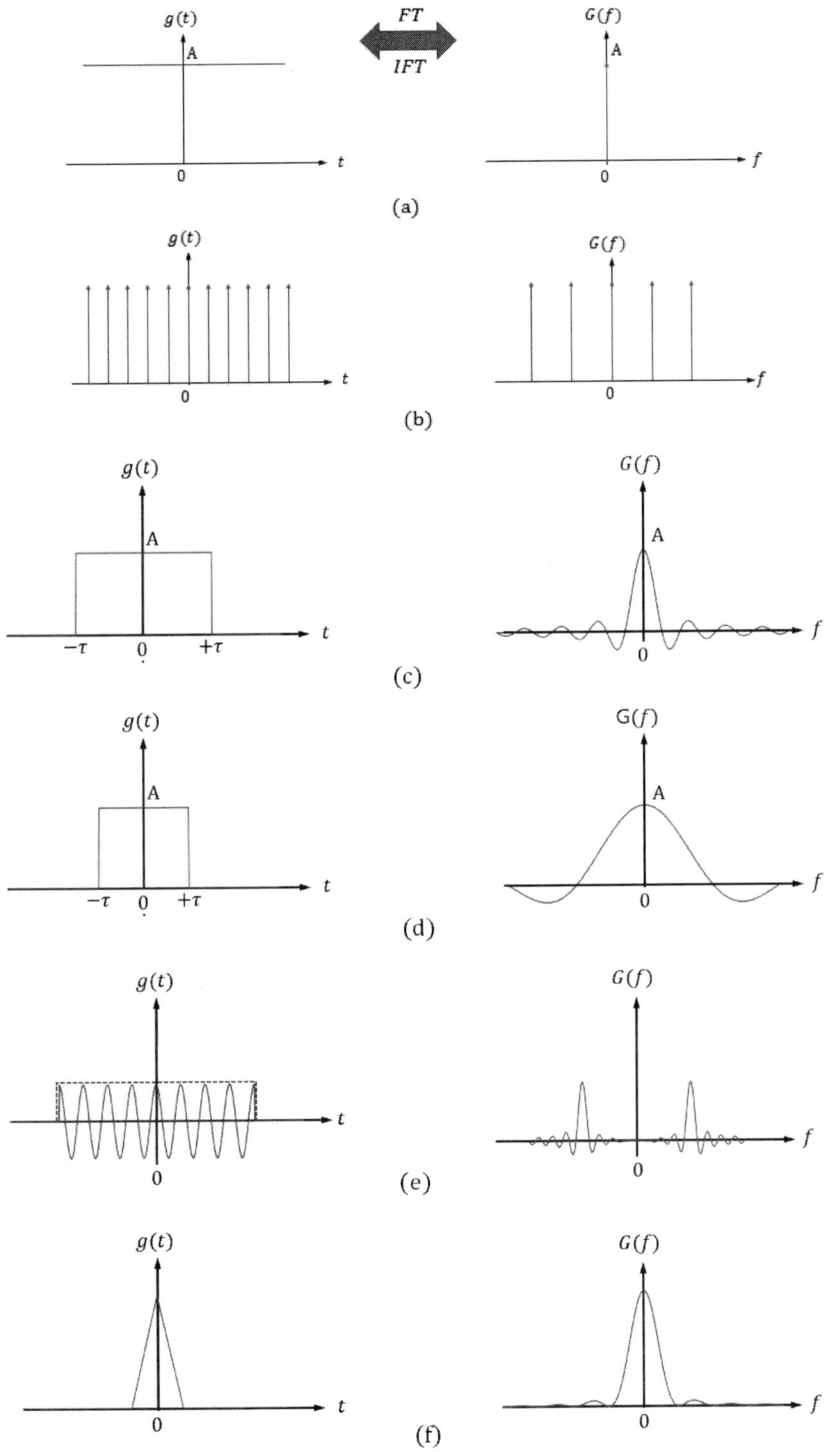

그림 7.8 푸리에 변환과 역변환 관계의 모식도

푸리에 변환은 진동이나 음파의 파형 해석뿐만 아니라, 전자파 신호를 포함하는 모든 신호처리의 기본이 되어있다. 음파에 있어서는 사람의 음성을 분석하여 발성자가 누구인지를 식별하거나 수중에서 잠수함 등의 물체에서 나오는 소리를 녹음한 후, 주파수를 분석하여 어떤 잠수함인지를 밝혀낸다. 또한, 역으로 여러 주파수 성분을 합성하여 특정한 소리를 만들어내는 음성 합성 등에도 푸리에 변환이 적용된다. 따라서, 그 변환을 고속으로 처리하는 기법, 즉 **고속 푸리에 변환**(Fast Fourier Transform: **FFT**) 알고리즘 및 컴퓨터 프로그램이 오래전부터 개발되어 있다. 그리고, 현재 그 프로그램은 퍼스널 컴퓨터 등에서도 'FFT'라는 명령어 하나만으로도 실행시킬 수 있어 누구나 쉽게 이용할 수 있다.

예제 7.2 어떤 시간 파형의 푸리에 변환 결과가 아래의 그림 (a), (b)와 같이 나타났을 때, 각각에 대한 시간 파형이 무엇이며, 주기가 얼마인지를 구하라.

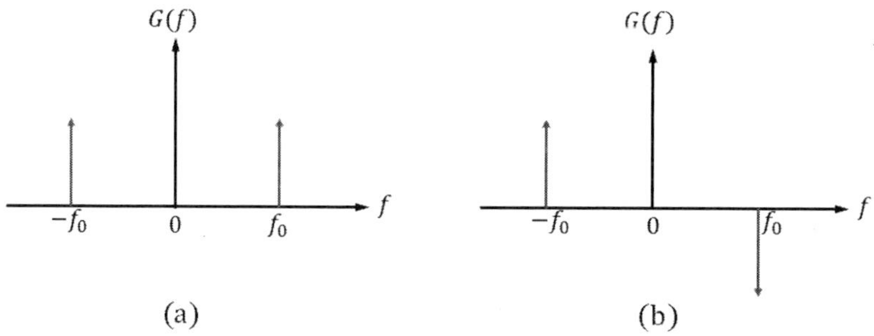

CHAPTER 07 문 제

1. 그림과 같은 사각파에 대한 푸리에 급수를 구하라.

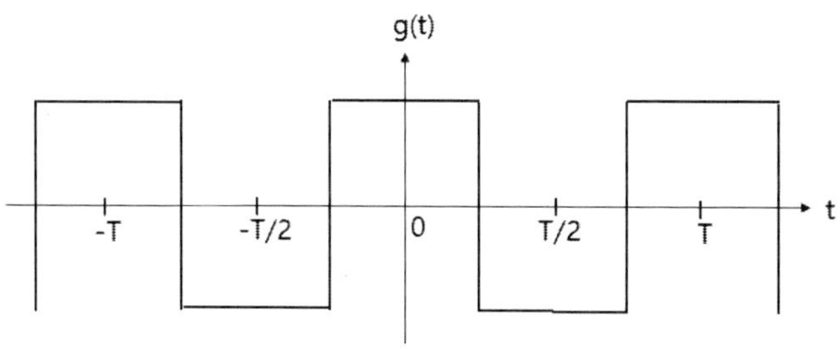

2. 그림과 같은 **반파정류**(half-wave rectifiered) 파형에 대한 푸리에 급수를 구하라.

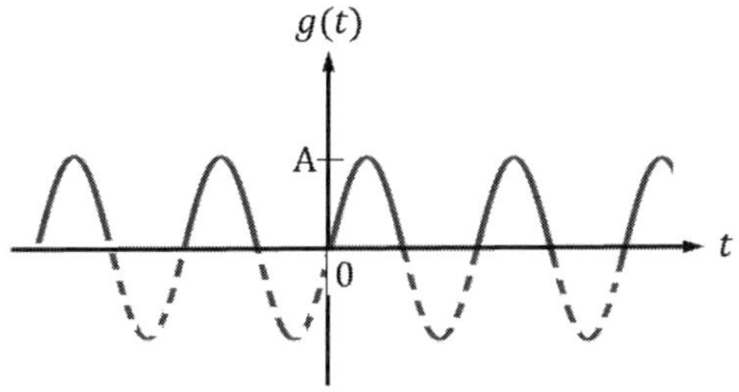

3. 그림 7.9에 나타낸 코사인파의 주파수가 1.0 kHz이다. 이에 대한 주파수 함수는 식 (7.52)으로 주어진다. 이 파의 진폭스펙트럼과 파워 스펙트럼을 구하라.

4. 어떤 파의 시간 파형이 다음과 같이 주어진다.

(a) 이 파의 시간 파형을 그림으로 나타내어라.

$$g(t) = \begin{cases} -\dfrac{A^2}{2\tau}t + A^2; & |t| \leq 2\tau \\ 0 \quad ; & |t| > 2\tau \end{cases}$$

(b) 이 파의 푸리에 변환 결과가 다음과 같이 됨을 증명하라.

$$\boldsymbol{G}(\omega) = A^2\left[\frac{\sin^2\omega\tau}{(\omega\tau/2)^2}\right]$$

5. FFT에 대해 조사하고, 그 프로그램을 제시하라. 또한, 그것을 이용하여 그림 7.7의 파형에 대한 진폭 스펙트럼 및 파워 스펙트럼을 구하라. 단, $\tau = 1.0$, 0.1, 0.01 ms의 세 가지로 변화시킨다.

참고문헌

[1] 음향학의 기초, 김진연 등 4명 번역, 홍릉과학출판사, 2013년 (원저: Fundamentals of Acoustics, 4th ed., L. E. Kinsler, A. R. Frey, A.B. Coppens and J.V. Sanders, John Wiley & Sons).

[2] 파동과 진동, 김중복 번역, 홍릉과학출판사, 2006년.

[3] Acoustic Fields and Waves in Solid, B. A. Auld, John Wiley & Sons, 1973.

[4] The physics of vibrations and waves, 5th ed., H.J. Pain, John Wiley & Sons, 1999.

[5] 응용 음향학, 김상한 저, 태화출판사, 1981년.

[6] 소리의 원리와 응용, 이성태, 청문각, 2004년.

[7] 대학물리학 I, 대학일반물리학 교재편찬위원회 번역, 북스힐, 2018년.

[8] 수리물리학, 최준곤 번역, 범한서적, 2019년.

[9] 電氣音響工學概論(일어판), 川村雅恭, 昭晃堂, 1978년.

[10] 전기전자공학개론, 송재복 등 3인 번역, 교보문고, 2016년 (원저: Principles and Applications of Electrical Engineering 6th ed., Giorgio Rizzoni and James Kearn, Mc Graw Hill)

[11] 수학으로 배우는 파동의 법칙, 이경민 번역, 지브레인, 2010년.

찾아보기

ㅎ

기 타

| 저자 약력 |

하강렬

1978. 2 부산수산대학 학사
1982. 8 부산수산대학 석사
1990. 3 일본 도호쿠(東北)대학 박사
1991. 3~현재 부경대학교 물리학과 교수

김무준

1985. 2 부산수산대학 학사
1990. 2 부산수산대학 석사
1994. 3 일본 도호쿠(東北)대학 박사
1995. 3~현재 부경대학교 물리학과 교수

팽동국

1991. 2 한양대학교 학사
1993. 8 한양대학교 석사
1997. 9 미국 MIT 석사
2002. 8 미국 펜실베니아 주립대학(Penn State Univ.)박사
2003. 5~현재 제주대학교 해양시스템공학과 교수

이공학도를 위한 음향학 이론의 핵심

인쇄 | 2020년 02월 25일
발행 | 2020년 02월 28일

지은이 | 하강렬 · 김무준 · 팽동국
펴낸이 | 조승식
펴낸곳 | (주)도서출판 북스힐

등 록 | 1998년 7월 28일 제 22-457호
주 소 | 서울시 강북구 한천로 153길 17
전 화 | (02) 994-0071
팩 스 | (02) 994-0073

홈페이지 | www.bookshill.com
이메일 | bookshill@bookshill.com

정가 15,000원

ISBN 979-11-5971-276-0

Published by bookshill, Inc. Printed in Korea.